全图解：

消防工程常用设施三维图解（交互版）

消防数字化教学研究中心　编著

机械工业出版社
CHINA MACHINE PRESS

本书运用了 AR（增强现实）技术，读者用手机扫描本书中相关消防设施组件的图片，可将组件的三维模型呈现在手机上。这样彻底打破传统的学习模式，实现二维向三维学习模式的转变，让学习更直观、高效、有趣。

本书囊括了七个消防系统，分别是消防给水系统、消火栓系统、自动喷水灭火系统、气体灭火系统、火灾自动报警系统、建筑防烟排烟系统、建筑灭火器；共 521 个知识点，78 个规范强制性条文，294 张高清彩色图，涵盖七个系统大部分的考点，帮助考生在短期内理清思路，成功通过考试。本书可供注册消防工程师职业资格考试考生及开设相关专业课程的院校师生使用。

图书在版编目（CIP）数据

消防工程常用设施三维图解：交互版 / 消防数字化教学研究中心编著 . —北京：机械工业出版社，2019.8（2025.1 重印）
（全图解）
ISBN 978-7-111-63395-2

Ⅰ . ①消…　Ⅱ . ①消…　Ⅲ . ①建筑物—消防设备—图解
Ⅳ . ① TU892-64

中国版本图书馆 CIP 数据核字（2019）第 159844 号

机械工业出版社（北京市百万庄大街 22 号邮政编码 100037）
策划编辑：汤　攀　责任编辑：汤　攀　刘志刚
责任校对：刘时光　封面设计：张　静
责任印制：李　昂
北京瑞禾彩色印刷有限公司印刷
2025 年 1 月第 1 版第 16 次印刷
184mm × 260mm · 10 印张 · 171 千字
标准书号：ISBN 978-7-111-63395-2
定价：59.00 元

电话服务　　网络服务
客服电话：010-88361066　机　工　官　网：www.cmpbook.com
010-88379833　机　工　官　博：weibo.com/cmp1952
010-68326294　金　书　网：www.golden-book.com
封底无防伪标均为盗版　机工教育服务网：www.cmpedu.com

前 言

近两年，注册消防工程师职业资格考试逐渐偏向于规范和消防设施实操应用的考查，对于考生来说，规范条文记忆较难，以及现场实操的局限性，传统的复习方法已经不能满足应试的要求。考生需要行之有效的复习方法，帮助他们提高学习效率。本书结合规范条文进行总结，并配以直观、清晰的图解，同时运用 AR（增强现实）技术，使用手机扫描本书中相关消防设施组件的图片，可将组件的三维模型呈现在手机上。这样彻底打破传统的学习模式，实现二维向三维学习模式的转变。让学习更直观、高效、有趣，有助考生复习。

本书的编写思路可概括为 16 个字："规范为本，识图为主，囊括总结，高效备考"。本书囊括了考生在学习备考中比较难理解、而考试中分值非常高的七个消防系统，分别是：消防给水系统、消火栓系统、自动喷水灭火系统、气体灭火系统、火灾自动报警系统、建筑防烟排烟系统、建筑灭火器。

本书分为七个部分：

第一部分为消防给水系统，主要介绍了消防给水系统及其分类、阀门组件与管道连接方式、消防给水设施各个组件的设置要求及消防给水的形式。该部分包含 99 个知识点，26 个规范强制性条文，72 张彩色高清图片。

第二部分为消火栓系统，主要介绍了消火栓系统及其分类和设置要求。该部分包含 37 个知识点，4 个规范强制性条文，15 张彩色高清图片。

第三部分为自动喷水灭火系统，主要介绍了自动喷水灭火系统及其分类、组件、工作原理与适用范围、火灾危险等级的划分原则、系统设计基本参数及系统主要组件的设置要求。该部分包含 84 个知识点，6 个规范强制性条文，58 张彩色高清图片。

第四部分为气体灭火系统，主要介绍了气体灭火系统及其分类、原理、组件、适用范围、设计参数及系统操作与控制。该部分包含 81 个知识点，15 个规范强制性条文，43 张彩色高清图片。

第五部分为火灾自动报警系统，主要介绍了火灾自动报警系统及其分类、系统设备设计要求、布线与联动控制设计。该部分包含 109 个知识点，4 个规范强制性条文，58 张彩色高清图片。

第六部分为建筑防烟排烟系统，主要介绍防烟系统和排烟系统的相关设置要求。该部分包含 88 个知识点，20 个规范强制性条文，34 张彩色高清图片。

第七部分为建筑灭火器，主要介绍灭火器的分类、型号编制、灭火机理与适用范围及灭火器的配置设计计算。该部分包含 23 个知识点，3 个规范强制性条文，14 张彩色高清图片。

本书共 521 个知识点，78 个规范强制性条文，294 张高清彩色图，涵盖七大系统大部分的考点。同时本书还赠送 AR 软件，利用三维模型进行学习，考生可以通过扫描本书 153 页二维码进行下载。规范的强制性条文在本书正文中，均采用加粗字体进行表示。

由于编者水平有限，时间紧促，难免有疏漏之处，恳请广大读者批评与指正。

编者

目录

第五部分
火灾自动报警系统

第六部分
建筑防烟排烟系统

第七部分
建筑灭火器

第一部分

消防给水系统

一、消防给水系统的介绍
二、消防给水系统按水压方式分类
三、阀门组件与管道连接方式
四、消防给水设施
五、消防给水形式

一、消防给水系统的介绍

建筑消防给水是指为建筑消火栓给水系统、自动喷水灭火系统等水灭火系统提供可靠的消防用水的供水系统。消防给水系统主要由消防水源（市政管网、水池、水箱）、供水设施设备（消防水泵、消防稳压设施、水泵接合器）和给水管网（阀门）等构成。消防给水系统如图 1-1 所示。

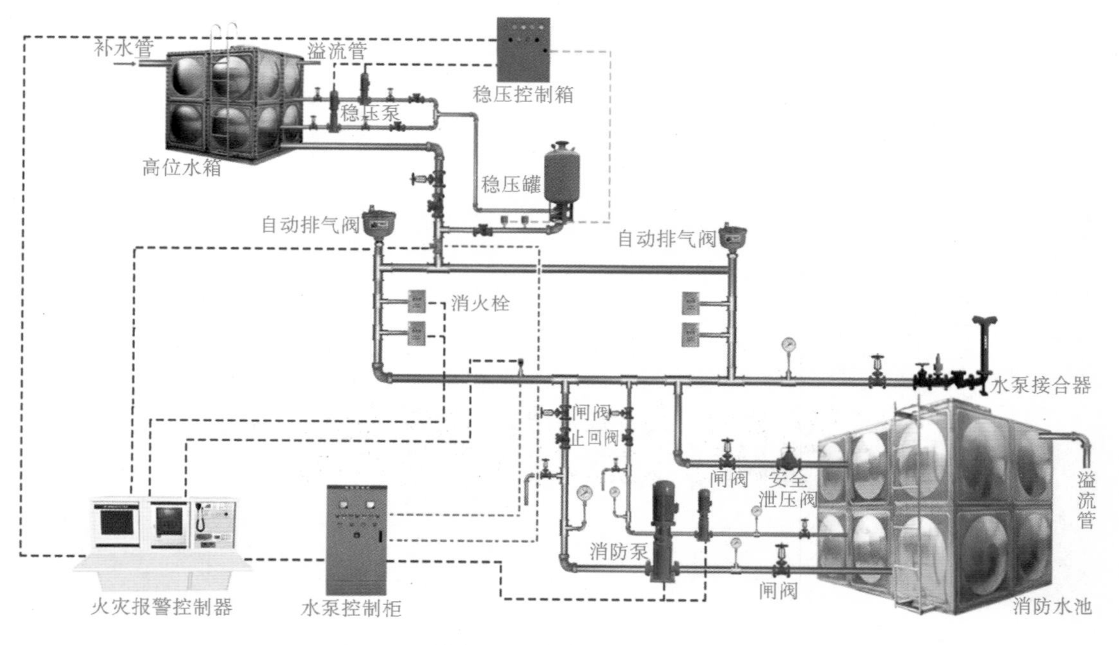

图 1-1　消防给水系统

二、消防给水系统按水压方式分类

1. 常高压消防给水系统

始终能满足水灭火系统所需的工作压力和流量，火灾时无须消防水泵直接加压的供水系统。市政管网直接供水的常高压给水系统和高位消防水池供水的常高压给水系统如图 1-2 所示。

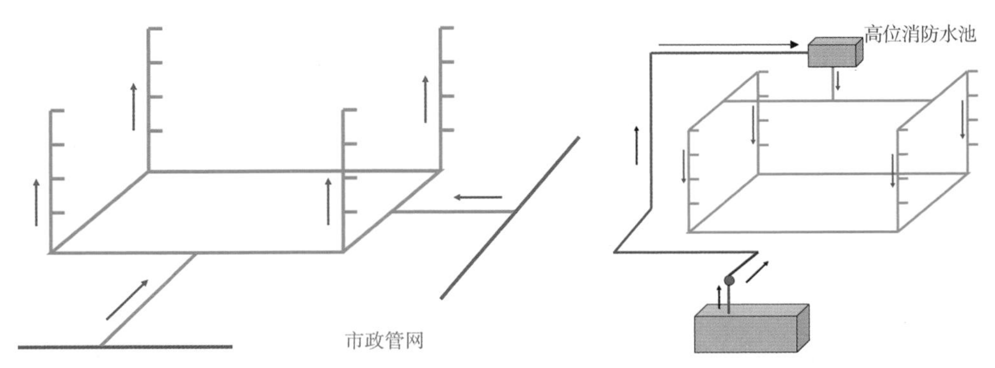

图 1-2　市政管网直接供水的常高压给水系统和高位消防水池供水的常高压给水系统

2. 临时高压消防给水系统

平时不能满足水灭火系统所需的工作压力和流量，火灾发生时能自动启动消防水泵以满足水灭火系统所需的工作压力和流量的供水系统。临时高压消防给水系统如图 1-3 所示。

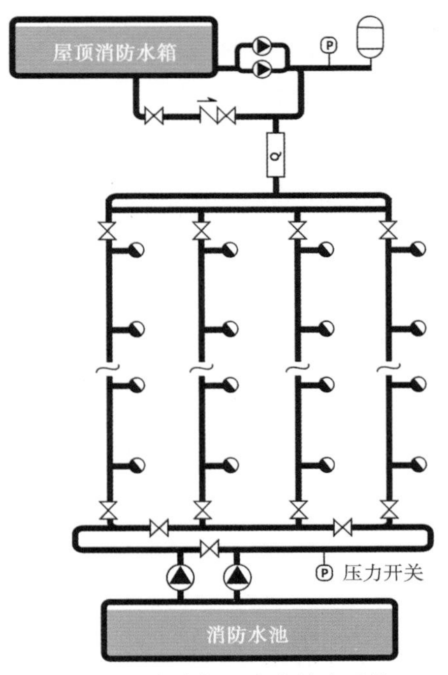

图 1-3　临时高压消防给水系统

3. 低压消防给水系统

能满足车载或手抬移动消防水泵等取水所需的工作压力和流量的供水系统。低压消防给水系统如图 1-4 所示。

图 1-4　低压消防给水系统

三、阀门组件与管道连接方式

1. 阀门组件

（1）明杆闸阀和暗杆闸阀。明杆闸阀是通过阀杆与手轮的螺纹传动来提升或者降下阀瓣，明杆闸阀和明杆闸阀剖面图如图 1-5 所示。暗杆闸阀在开关时手轮与阀杆是连接在一起相对不动的，它是通过阀杆在固定点转动来带动阀瓣向上提升和向下来完成启闭。暗杆闸阀和暗杆闸阀剖面图如图 1-6 所示。

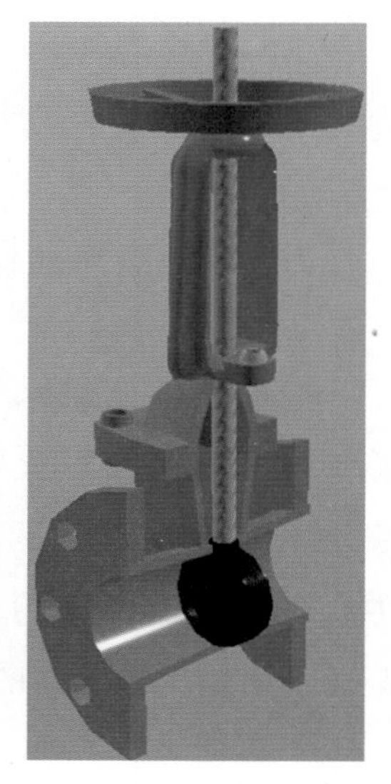

图 1-5　明杆闸阀（可扫描）和明杆闸阀剖面图（可扫描）

图 1-6　暗杆闸阀（可扫描）和暗杆闸阀剖面图（可扫描）

（2）信号蝶阀。蝶阀的顶部设有阀门启闭电信号装置，可以把阀门开启、关闭状态信号传到消防控制中心，便于监控。信号蝶阀如图 1-7 所示。

图 1-7　信号蝶阀（可扫描）

（3）球阀。启闭件（球体）由阀杆带动，并绕球阀轴线做旋转运动的阀门。球阀如图 1-8 所示。

（4）止回阀。止回阀是指启闭件为圆形阀瓣并靠自身重量及介质压力产生动作来阻断介质倒流的一种阀门，又称逆止阀、单向阀、回流阀或隔离阀。止回阀剖面图和止回阀如图 1-9 所示。

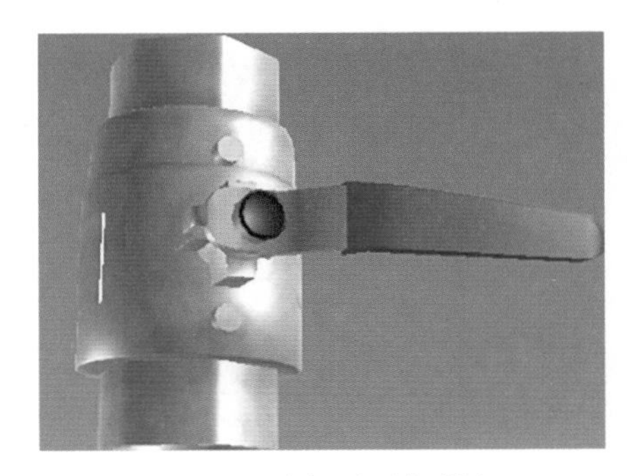

图 1-8　球阀（可扫描）

（5）Y 形过滤器。Y 形过滤器是输送介质的管道系统不可缺少的一种过滤装置，Y 形过滤器通常安装在减压阀、泄压阀、定水位阀或其他设备的进口端，用来清除介质中的杂质，以保护阀门及设备的正常使用。Y 形过滤器和 Y 形过滤器剖面图如图 1-10 所示。

图 1-9　止回阀剖面图和止回阀（可扫描）

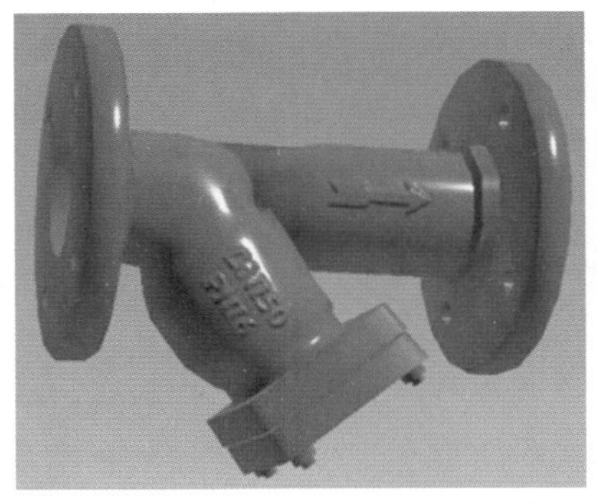

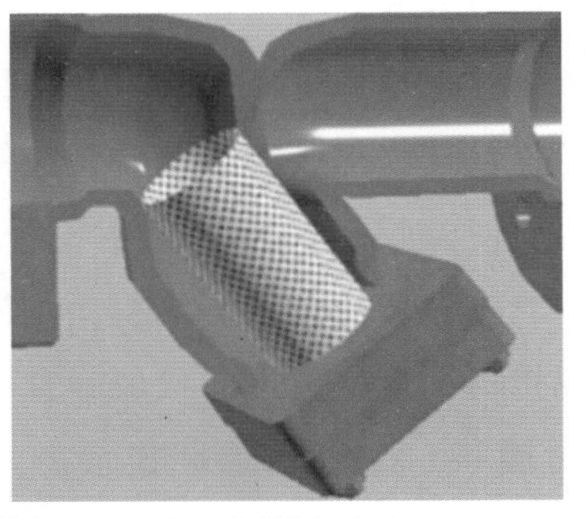

图 1-10　Y 形过滤器（可扫描）和 Y 形过滤器剖面图

2. 管道连接方式

（1）螺纹连接。螺纹连接用于低压流体输送用焊接钢管及外径可以攻螺纹的无缝钢管的连接，在消防上，当管径小于或等于 DN50mm 时，采用螺纹连接。采用螺纹连接的三通管件如图 1-11 所示。

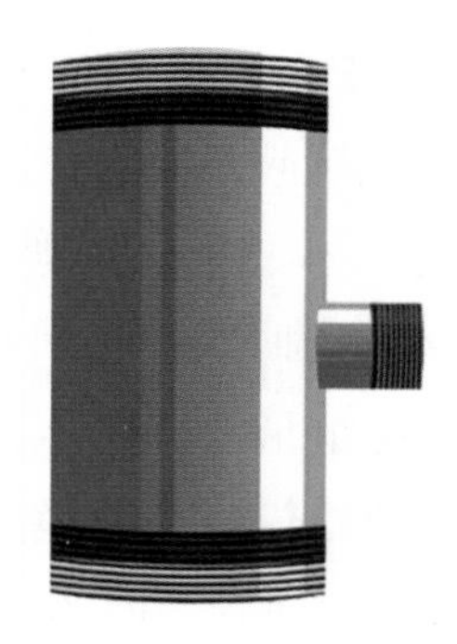

图 1-11 采用螺纹连接的三通管件

（2）焊接连接。焊接连接是管道工程中最重要且应用最广泛的连接方式。其主要优点是：接口牢固耐久，不易渗漏，接头强度和严密性高，使用后不需要经常管理。钢管的焊接方式有很多，有气焊、焊条电弧焊、氩弧焊、埋弧焊等。由于电焊焊缝强度比气焊高，并且比气焊经济，因此优先采用电焊连接。采用焊接连接的管道如图 1-12 所示。

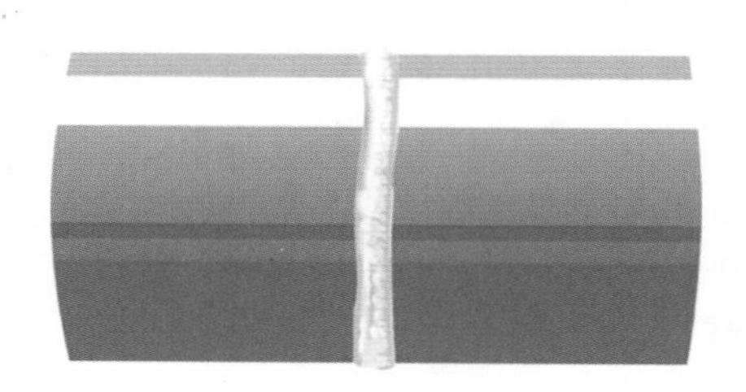

图 1-12 采用焊接连接的管道

（3）法兰连接。法兰连接是将垫片放入一对固定在两个管口上的法兰的中间，用螺栓拉紧使其紧密接合起来的一种可拆卸的连接方式。按法兰与管子的固定方式分为螺纹法兰、焊接法兰、松套法兰等。采用法兰连接的管道如图 1-13 所示。

图 1-13 采用法兰连接的管道

（4）承插连接。消防上多用到铸铁管的承插连接，铸铁管的承插连接方式分为机械式接口和非机械式接口。机械式接口利用压兰与管端上法兰连接，将橡胶密封圈压紧在铸铁承插口间隙内，使橡胶密封圈压缩而与管壁紧贴形成密封。非机械式接口根据填料的不同，分为石棉水泥接口、自应力水泥接口、青铅接口和橡胶密封圈接口。采用承插连接的管道如图 1-14 所示。

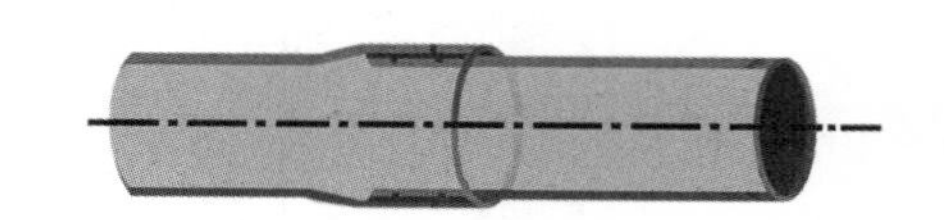

图 1-14 采用承插连接的管道

（5）沟槽连接

1）管卡连接。利用管卡连接管道的方式。采用管卡连接的管道如图 1-15 所示。

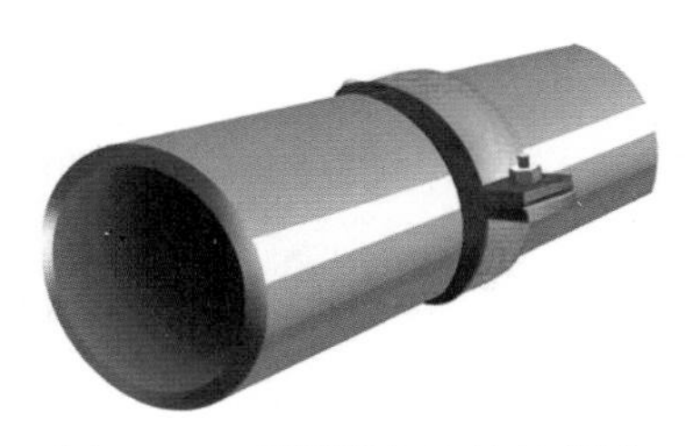

图 1-15　采用管卡连接的管道

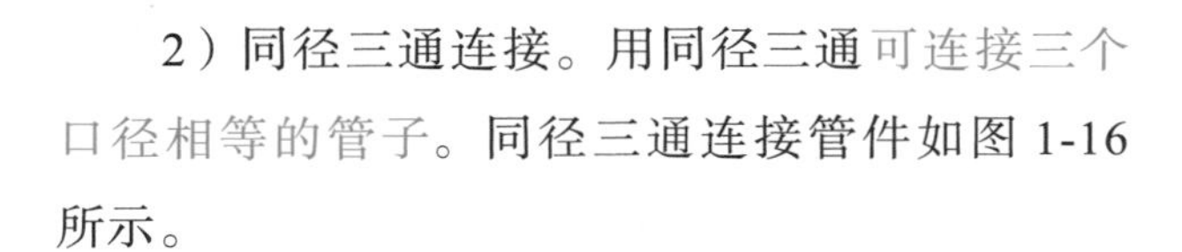

2）同径三通连接。用同径三通可连接三个口径相等的管子。同径三通连接管件如图 1-16 所示。

图 1-16　同径三通连接管件

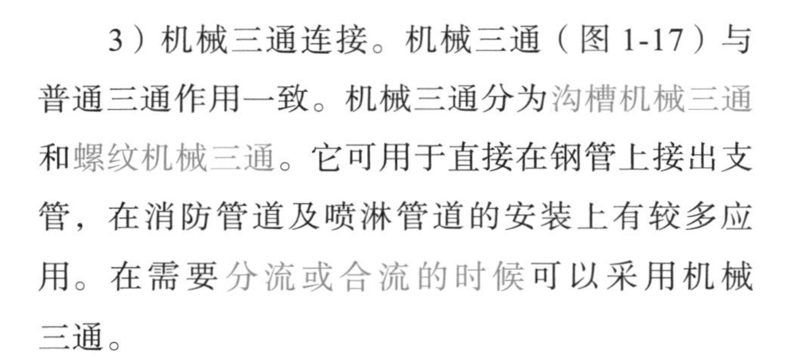

3）机械三通连接。机械三通（图 1-17）与普通三通作用一致。机械三通分为沟槽机械三通和螺纹机械三通。它可用于直接在钢管上接出支管，在消防管道及喷淋管道的安装上有较多应用。在需要分流或合流的时候可以采用机械三通。

图 1-17　机械三通

四、消防给水设施

1. 消防水池

消防水池技术要求见表 1-1。

表 1-1　消防水池技术要求

概念	人工建造的供固定或移动消防水泵吸水的储水设施（图 1-18、图 1-19）
补水	消防水池补水时间不宜大于 48h，但当消防水池有效总容积大于 $2000m^3$ 时，不应大于 96h。消防水池进水管管径应计算确定，且不应小于 DN100

（续）

容积	消防水池有效容积的计算应符合下列规定： （1）当市政给水管网能保证室外消防给水设计流量时，消防水池的有效容积应满足在火灾延续时间内室内消防用水量的要求 （2）当市政给水管网不能保证室外消防给水设计流量时，消防水池的有效容积应满足火灾延续时间内室内消防用水量和室外消防用水量不足部分之和的要求
	当消防水池采用两路消防供水且在火灾情况下连续补水能满足消防要求时，消防水池的有效容积应根据计算确定，但不应小于 100m³，当仅设有消火栓系统时不应小于 50m³
市政消火栓与消防水池	市政消火栓或消防车从消防水池吸水向建筑供应室外消防给水时，应符合下列规定： 供消防车吸水的室外消防水池的每个取水口宜按一个室外消火栓计算，且其保护半径不应大于 150m 距建筑外缘 5~150m 的市政消火栓可计入建筑室外消火栓的数量，但当为消防水泵接合器供水时，距建筑外缘 5~40m 的市政消火栓可计入建筑室外消火栓的数量 当市政给水管网为环状时，符合上述内容的室外消火栓出流量宜计入建筑室外消火栓设计流量；但当市政给水管网为枝状时，计入建筑的室外消火栓设计流量不宜超过一个市政消火栓的出流量
分格分座	消防水池的总蓄水有效容积大于 500m³ 时，宜设两格能独立使用的消防水池；当大于 1000m³ 时，应设置能独立使用的两座消防水池。每格（或座）消防水池应设置独立的出水管，并应设置满足最低有效水位的连通管，且其管径应能满足消防给水设计流量的要求（图 1-20）
取水口	储存室外消防用水的消防水池或供消防车取水的消防水池，应符合下列规定： （1）消防水池应设置取水口（井），且吸水高度不应大于 6m （2）取水口（井）与建筑物（水泵房除外）的距离不宜小于 15m （3）取水口（井）与甲、乙、丙类液体储罐等构筑物的距离不宜小于 40m （4）取水口（井）与液化石油气储罐的距离不宜小于 60m，当采取防止辐射热保护措施时，可为 40m（图 1-21）
共用	**消防用水与其他用水共用的水池，应采取确保消防用水量不作他用的技术措施**（图 1-22）
液位	**消防水池应设置就地水位显示装置，并应在消防控制中心或值班室等地点设置显示消防水池水位的装置，同时应有最高和最低报警水位**
排水	**消防水池应设置溢流水管和排水设施，并应采用间接排水**（图 1-23）

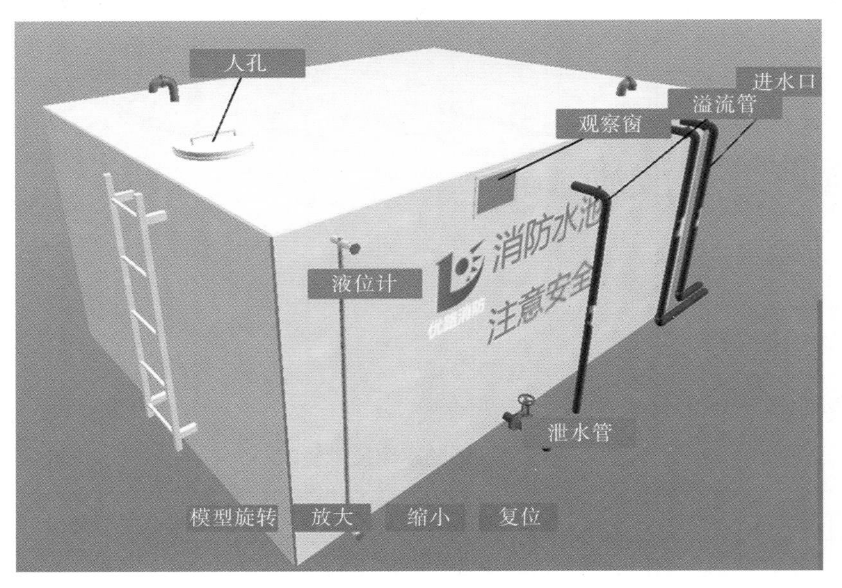

图 1-18　消防水池部件展示图（可扫描）

图 1-19　消防水池场景图

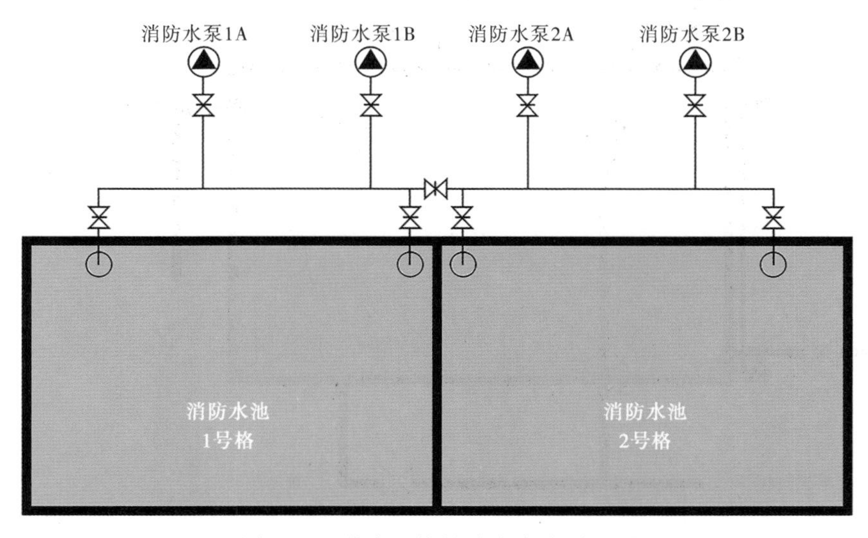

图 1-20　分成两格的消防水池平面图

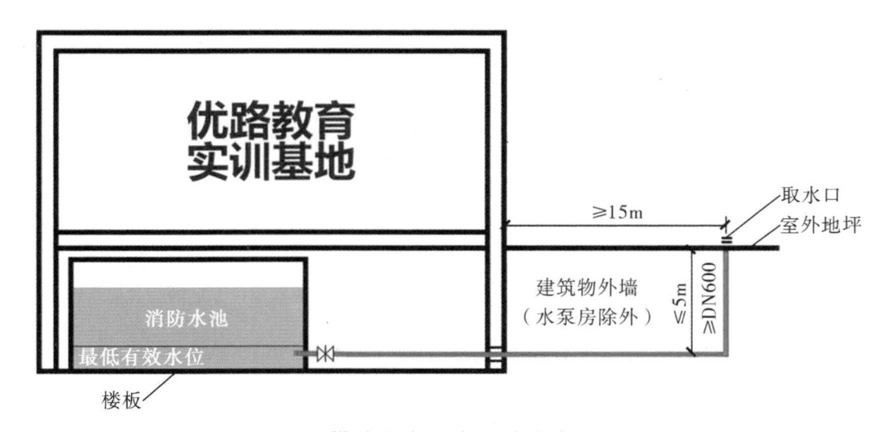

图 1-21　供消防车吸水的消防水池立面图

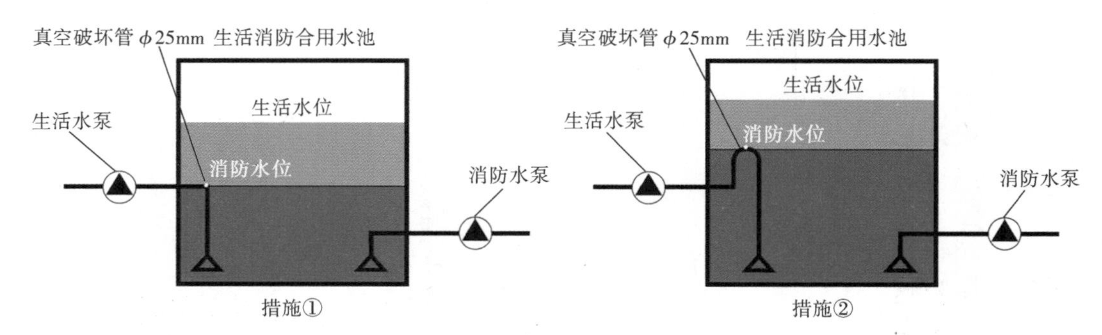

图 1-22　消防水池与其他水池共用时不做他用的措施示意图

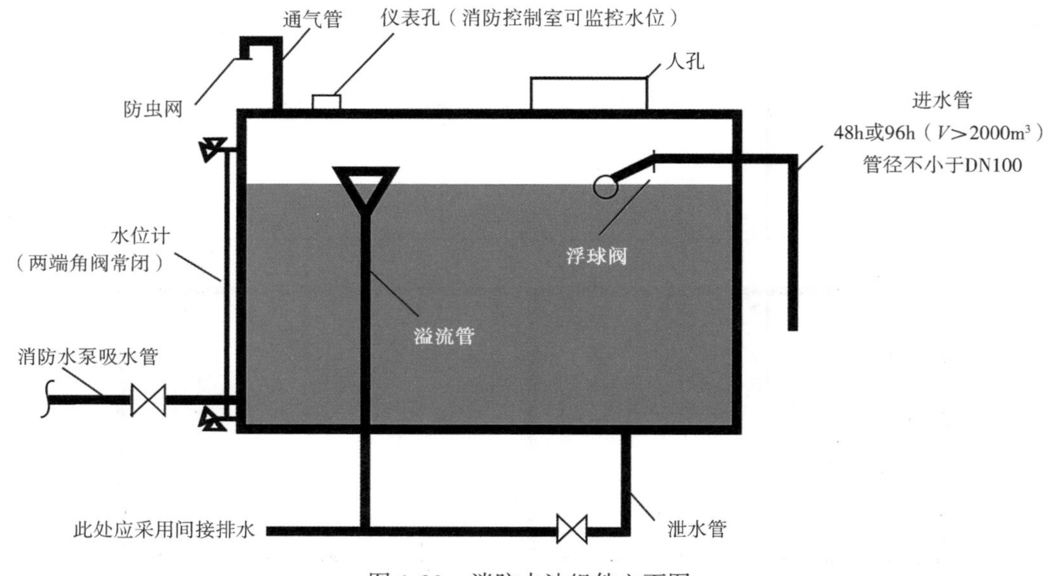

图 1-23　消防水池组件立面图

2. 消防水箱

消防水箱技术要求见表 1-2。

表 1-2　消防水箱技术要求

概念	设置在高处直接向水灭火设施重力供应初期火灾消防用水量的储水设施（图 1-24、图 1-25）
设置要求	（1）高层民用建筑、总建筑面积大于 10000m² 且层数超过 2 层的公共建筑和其他重要建筑，必须设置高位消防水箱 （2）其他建筑应设置高位消防水箱，但当设置高位消防水箱确有困难，且采用安全可靠的消防给水形式时，可不设高位消防水箱，但应设稳压泵 （3）当市政供水管网的供水能力在满足生产、生活最大小时用水量后，仍能满足初期火灾所需的消防流量和压力时，市政直接供水可替代高位消防水箱

（续）

进水管	（1）进水管的管径应满足消防水箱 8h 充满水的要求，但管径不应小于 DN32，进水管宜设置液位阀或浮球阀（图 1-26） （2）进水管管口的最低点高出溢流边缘的高度应等于进水管管径，但最小不应小于 100mm，最大不应大于 150mm
溢流管	溢流管的直径不应小于进水管直径的 2 倍，且不应小于 DN100，溢流管的喇叭口直径不应小于溢流管直径的 1.5~2.5 倍
出水管	（1）高位消防水箱出水管管径应满足消防给水设计流量的出水要求，且不应小于 DN100 （2）高位消防水箱出水管应位于高位消防水箱最低水位以下，并应设置防止消防用水进入高位消防水箱的止回阀
淹没深度	**高位消防水箱的最低有效水位应根据出水管喇叭口和防止旋流器的淹没深度确定，**当采用出水管喇叭口**时，淹没深度**不应小于 600mm；**当采用**防止旋流器**时应根据产品确定，且**不应小于 150mm **的保护高度**（图 1-27）
检修空间	高位消防水箱外壁与建筑本体结构墙面或其他池壁之间的净距，应满足施工或装配的需要，无管道的侧面，净距不宜小于 0.7m；安装有管道的侧面，净距不宜小于 1.0m，且管道外壁与建筑本体墙面之间的通道宽度不宜小于 0.6m，设有人孔的水箱顶，其顶面与其上面的建筑物本体板底的净空不应小于 0.8m（图 1-28）
出水、排水、呼吸管，水位监测装置	**均与消防水池保持一致**
有效容积	临时高压消防给水系统的高位消防水箱的有效容积应满足初期火灾消防用水量的要求，并应符合下列规定： （1）一类高层公共建筑，不应小于 36m³，但当建筑高度大于 100m 时，不应小于 50m³；当建筑高度大于 150m 时，不应小于 100m³ （2）多层公共建筑、二类高层公共建筑和一类高层住宅，不应小于 18m³，当一类高层住宅建筑高度超过 100m 时，不应小于 36m³ （3）二类高层住宅，不应小于 12m³ （4）建筑高度大于 21m 的多层住宅，不应小于 6m³ （5）工业建筑室内消防给水设计流量当小于或等于 25L/s 时，不应小于 12m³，大于 25L/s 时不应小于 18m³ （6）总建筑面积大于 10000m² 且小于 30000m² 的商店建筑，不应小于 36m³，总建筑面积大于 30000m² 的商店，不应小于 50m³，当与（1）规定不一致时应取其较大值
最低有效水位	高位消防水箱的设置位置应高于其所服务的水灭火设施，且最低有效水位应满足水灭火设施最不利点处的静水压力，并应按下列规定确定： （1）一类高层公共建筑，不应低于 0.10MPa，但当建筑高度超过 100m 时，不应低于 0.15MPa （2）高层住宅、二类高层公共建筑、多层公共建筑，不应低于 0.07MPa，多层住宅不宜低于 0.07MPa （3）工业建筑不应低于 0.10MPa，当建筑体积小于 20000m³ 时，不宜低于 0.07MPa （4）自动喷水灭火系统等自动水灭火系统应根据喷头灭火需求压力确定，但最小不应小于 0.10MPa （5）当高位消防水箱不能满足上述（1）~（4）的静压要求时，应设稳压泵

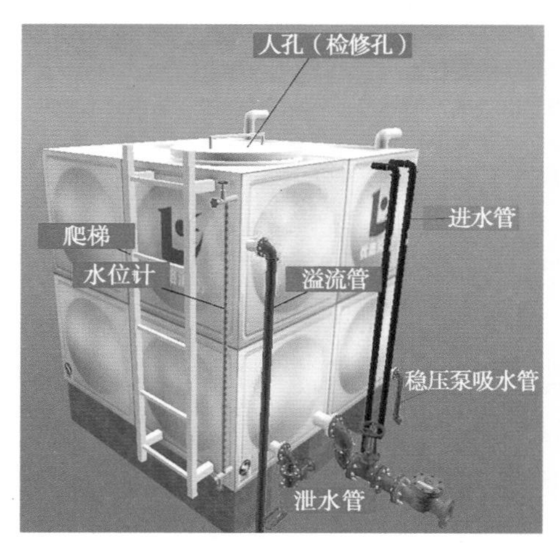

图 1-24　消防水箱部件展示图（可扫描）

图 1-25　消防水箱场景图

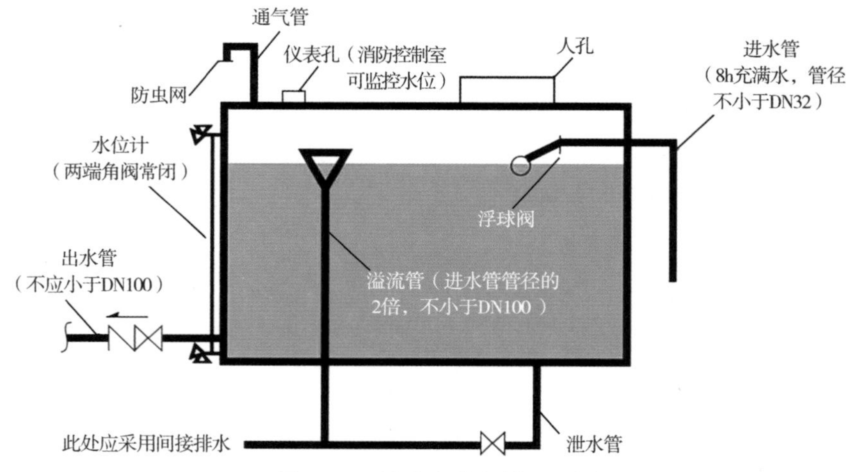

图 1-26　消防水箱组件立面图

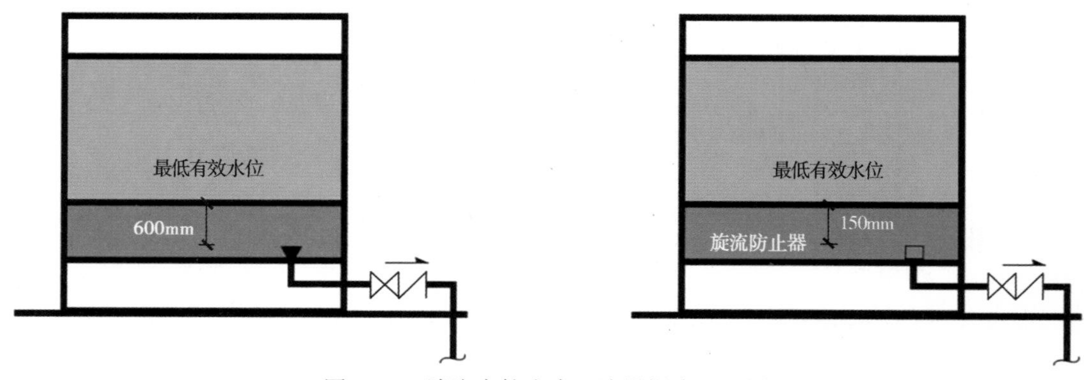

图 1-27　消防水箱出水口淹没深度立面图

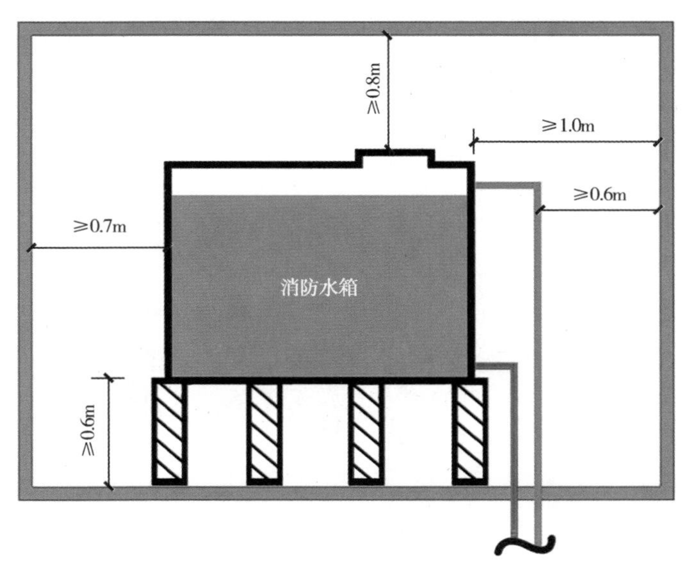

图 1-28　消防水箱检修空间立面图

3. 消防水泵接合器

消防水泵接合器技术要求见表 1-3。

表 1-3　消防水泵接合器技术要求

概念	消防水泵接合器是供消防车向消防给水管网输送消防用水的预留接口，既可用以补充消防水量，也可用于提高消防给水管网的水压，可以分为地上式消防水泵接合器（图 1-29）、地下式消防水泵接合器（图 1-30）和墙壁式消防水泵接合器（图 1-31）三种类型
应设置消防水泵接合器的场所	下列场所的室内消火栓给水系统应设置消防水泵接合器： （1）高层民用建筑 （2）设有消防给水的住宅、超过 5 层的其他多层民用建筑 （3）超过 2 层或建筑面积大于 10000m² 的地下或半地下建筑（室）、室内消火栓设计流量大于 10L/s 平战结合的人防工程 （4）高层工业建筑和超过 4 层的多层工业建筑 （5）城市交通隧道 （6）自动喷水灭火系统、水喷雾灭火系统、泡沫灭火系统和固定消防炮灭火系统等水灭火系统，均应设置消防水泵接合器
给水流量	消防水泵接合器的给水流量宜按每个 10~15L/s 计算
设置位置	水泵接合器应设在室外便于消防车使用的地点，且距室外消火栓或消防水池的距离不宜小于 15m，并不宜大于 40m
安装间距	墙壁消防水泵接合器的安装高度距地面宜为 0.70m；与墙面上的门、窗、孔、洞的净距离不应小于 2.0m，且不应安装在玻璃幕墙下方；地下消防水泵接合器的安装，应使进水口与井盖底面的距离不大于 0.4m，且不应小于井盖的半径（图 1-32）

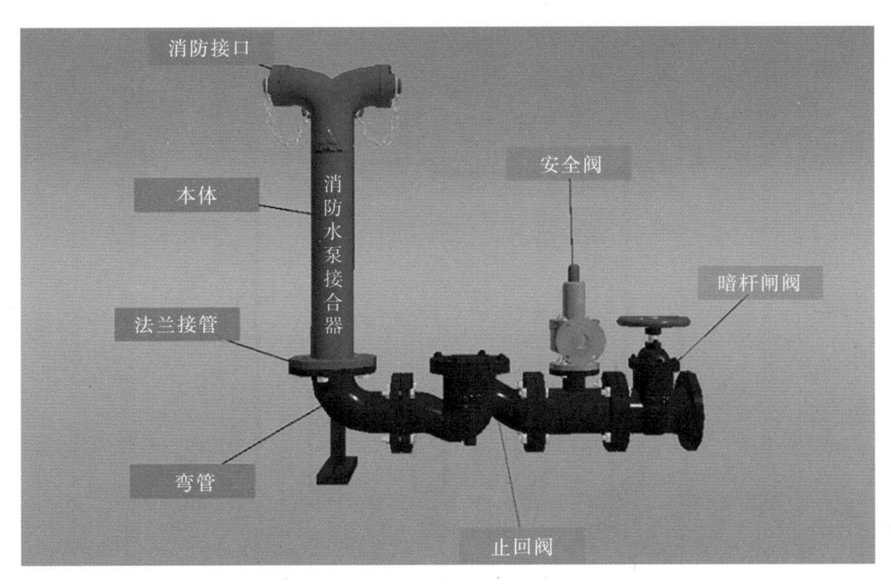

图 1-29　地上式消防水泵接合器（可扫描）

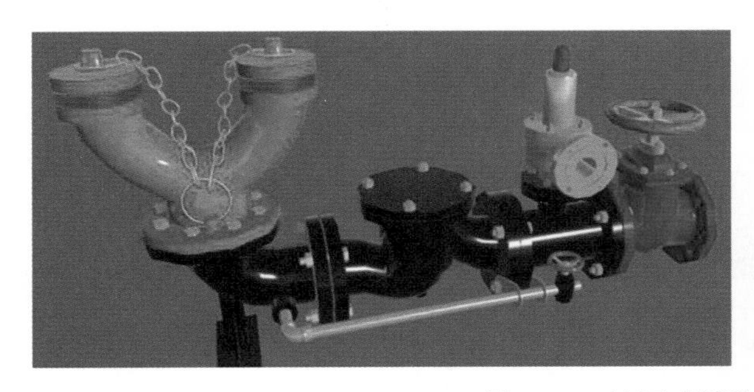

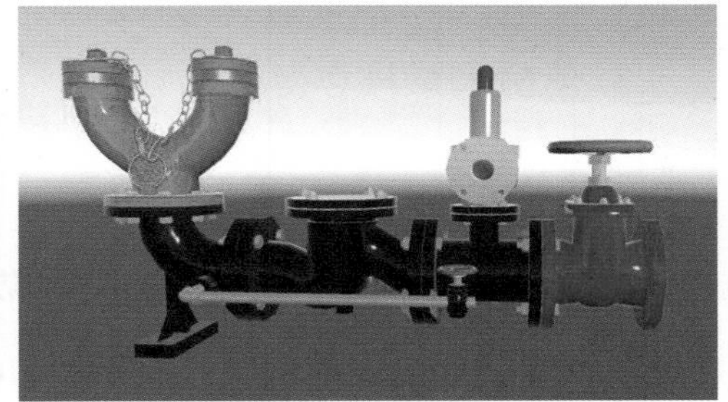

图 1-30　地下式消防水泵接合器

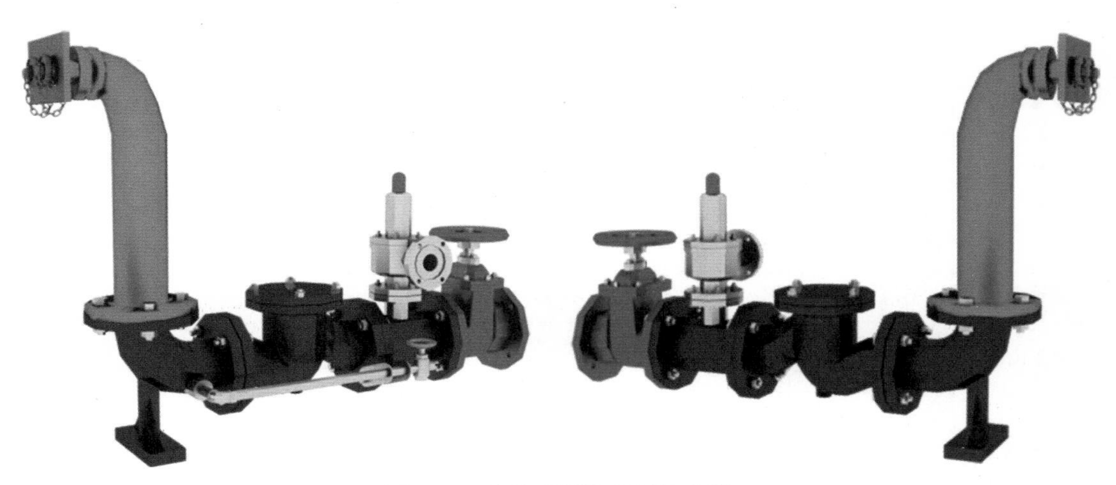

图 1-31　墙壁式消防水泵接合器

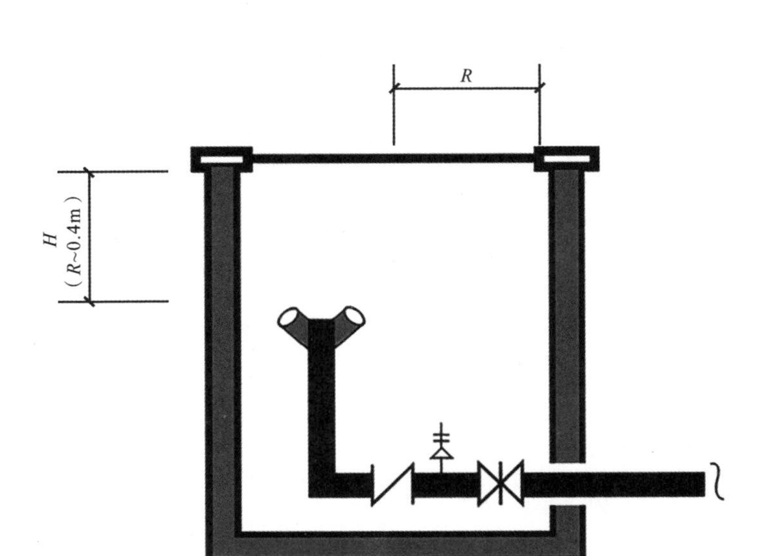

图 1-32　地下式消防水泵接合器立面图

4. 消防水泵

消防水泵技术要求见表 1-4。

表 1-4　消防水泵技术要求

概念	消防水泵是通过叶轮的旋转将能量传递给水，从而增加水的动能、压力能，以满足灭火设施的压力要求。目前，消防给水系统中使用的水泵多为离心泵（图 1-33）
额定流量	单台消防水泵的最小额定流量不应小于 10L/s，最大额定流量不宜大于 320L/s
不用设备用泵的建筑	消防水泵应设置备用泵，其性能应与工作泵性能一致，但下列建筑除外： （1）建筑高度小于 54m 的住宅和室外消防给水设计流量小于或等于 25L/s 的建筑 （2）室内消防给水设计流量小于或等于 10L/s 的建筑
性能	**消防水泵的性能应满足消防给水系统所需流量和压力的要求**
	流量 - 扬程性能曲线应为无驼峰、无拐点的光滑曲线，零流量时的压力不应大于设计工作压力的 140%，且宜大于设计工作压力的 120%（图 1-34）
	消防水泵所配驱动器的功率应满足所选水泵流量 - 扬程性能曲线上任何一点运行所需功率的要求
	当采用电动机驱动的消防水泵时，应选择电动机干式安装的消防水泵（图 1-35）
	当出流量为设计流量的 150% 时，其出口压力不应低于设计工作压力的 65%
材质	（1）水泵外壳宜为球墨铸铁 （2）叶轮宜为青铜或不锈钢

（续）

水泵串联	流量不变，扬程增加（图 1-36）
水泵并联	流量增加，扬程不变（图 1-37）
控制与操作	**消防水泵不应设置自动停泵的控制功能，停泵应由具有管理权限的工作人员根据火灾扑救情况确定**
	消防水泵应确保从接到启泵信号到水泵正常运转的自动启动时间不应大于 2min
	消防水泵应由消防水泵出水干管上设置的压力开关、高位消防水箱出水管上的流量开关，或报警阀压力开关等开关信号应能直接自动启动消防水泵。消防水泵房内的压力开关宜引入消防水泵控制柜内（图 1-38）
	消防水泵应能手动启停和自动启动
	消火栓按钮不宜作为直接启动消防水泵的开关，但可作为发出报警信号的开关或启动干式消火栓系统的快速启闭装置等
柴油机消防水泵	**当采用柴油机消防水泵时应符合下列规定：** **（1）柴油机消防水泵应采用压缩式点火型柴油机** **（2）柴油机的额定功率应校核海拔高度和环境温度对柴油机功率的影响** **（3）柴油机消防水泵应具备连续工作的性能，试验运行时间不应小于 24h** **（4）柴油机消防水泵的蓄电池应保证消防水泵随时自动启泵的要求**
流量和压力测试装置	一组消防水泵应在消防水泵房内设置流量和压力测试装置，并应符合下列规定： （1）单台消防给水泵的流量不大于 20L/s、设计工作压力不大于 0.50MPa 时，泵组应预留测量用流量计和压力计接口，其他泵组宜设置泵组流量和压力测试装置 （2）消防水泵流量检测装置的计量精度应为 0.4 级，最大量程的 75% 应大于最大一台消防水泵设计流量值的 175% （3）消防水泵压力检测装置的计量精度应为 0.5 级，最大量程的 75% 应大于最大一台消防水泵设计压力值的 165% （4）每台消防水泵出水管上应设置 DN65 的试水管，并应采取排水措施

图 1-33　消防水泵及消防水泵剖面图

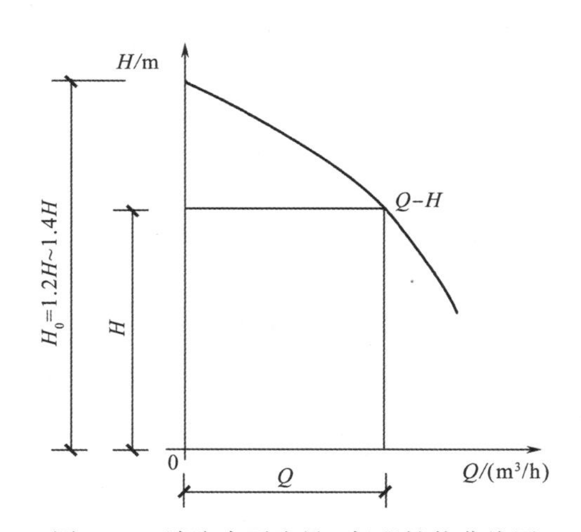

图 1-34　消防水泵流量 - 扬程性能曲线图

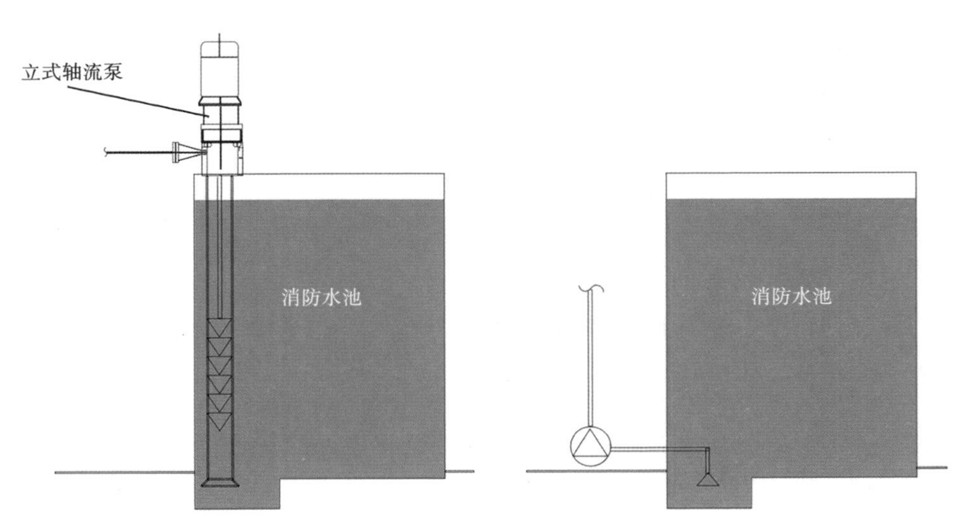

图 1-35　电动机干式安装的消防水泵

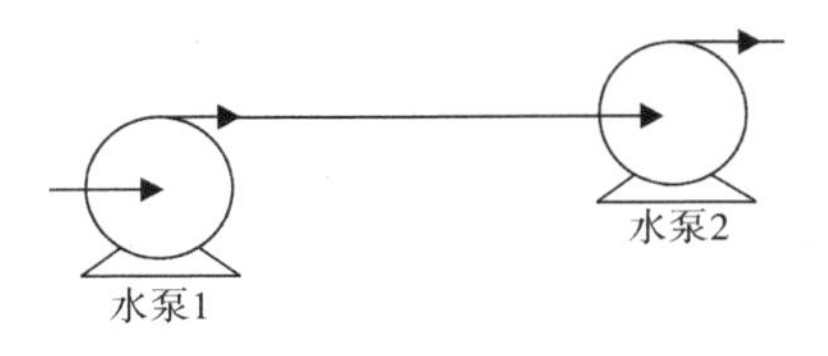

图 1-36　消防水泵串联

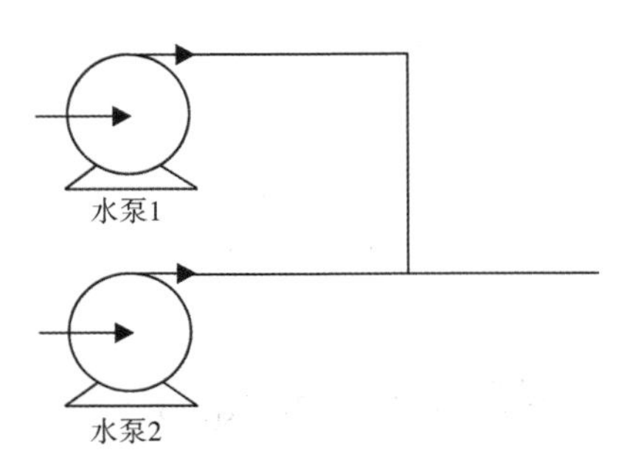

图 1-37　消防水泵并联

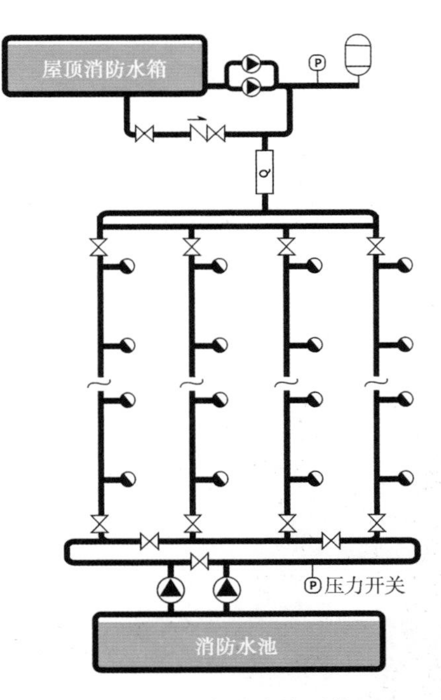

图 1-38　室内消火栓系统

5. 消防水泵吸水管

消防水泵吸水管技术要求见表 1-5。

表 1-5 消防水泵吸水管技术要求

概念	消防水泵从消防水池里吸水的管路（图 1-39）
吸水规定	（1）消防水泵应采取自灌式吸水（图 1-40）
	（2）消防水泵从市政管网直接抽水时，应在消防水泵出水管上设置有空气隔断的倒流防止器（图 1-41）
	（3）当吸水口处无吸水井时，吸水口处应设置旋流防止器
离心式消防泵吸水管	（1）一组消防水泵，吸水管不应少于两条，当其中一条损坏或检修时，其余吸水管应仍能通过全部消防给水设计流量
	（2）消防水泵吸水管布置应避免形成气囊；变径连接应采用偏心异径管件，并应采用管顶平接
	（3）消防水泵吸水口的淹没深度应满足消防水泵在最低水位运行安全的要求，吸水管喇叭口在消防水池最低有效水位下的淹没深度应根据吸水管喇叭口的水流速度和水力条件确定，但不应小于 600mm，当采用旋流防止器时，淹没深度不应小于 200mm（图 1-42）
	（4）消防水泵的吸水管上应设置明杆闸阀或带自锁装置的蝶阀，但当设置暗杆阀门时应设有开启刻度和标志；当管径超过 DN300 时，宜设置电动阀门
	（5）消防水泵的吸水管穿越消防水池时，应采用柔性套管；采用刚性防水套管时应在水泵吸水管上设置柔性接头，且管径不应大于 DN150
	（6）消防水泵吸水管的直径小于 DN250 时，其流速宜为 1.0~1.2m/s；直径大于 DN250 时，宜为 1.2~1.6m/s
	（7）消防水泵吸水管宜设置真空表、压力表或真空压力表，压力表的最大量程应根据工程具体情况确定，但不应低于 0.70MPa，真空表的最大量程宜为 −0.10MPa（图 1-43）

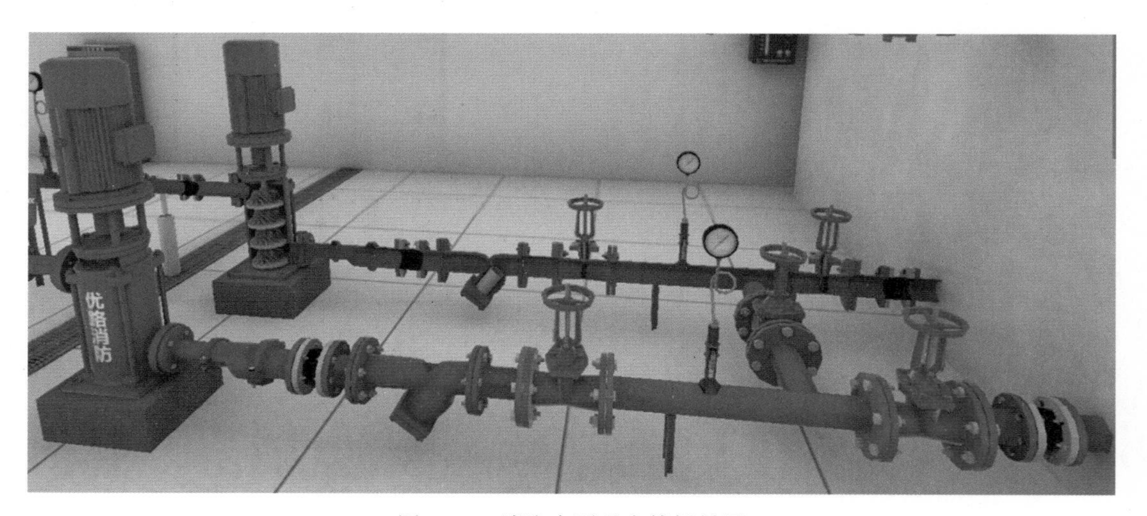

图 1-39 消防水泵吸水管场景图

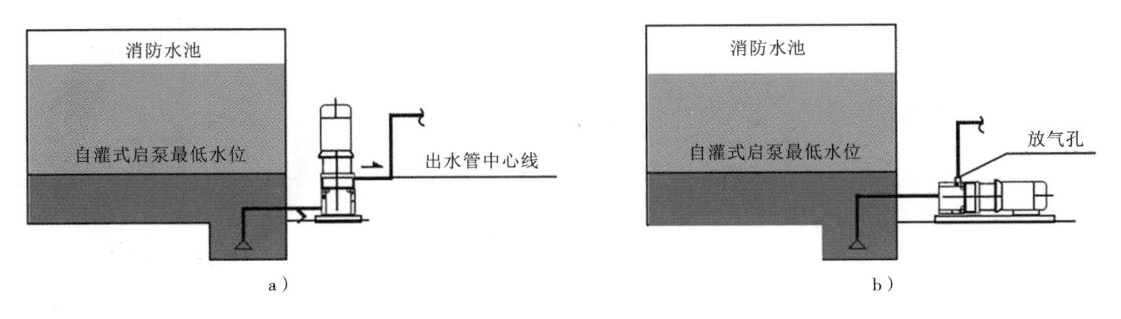

图 1-40　消防水泵自灌式吸水示意图

a）立式消防水泵吸水示意图　b）卧式消防水泵吸水示意图

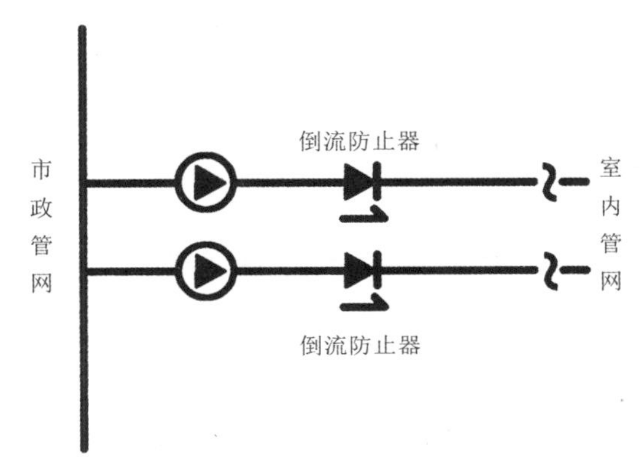

图 1-41　消防水泵直接从市政管网吸水示意图

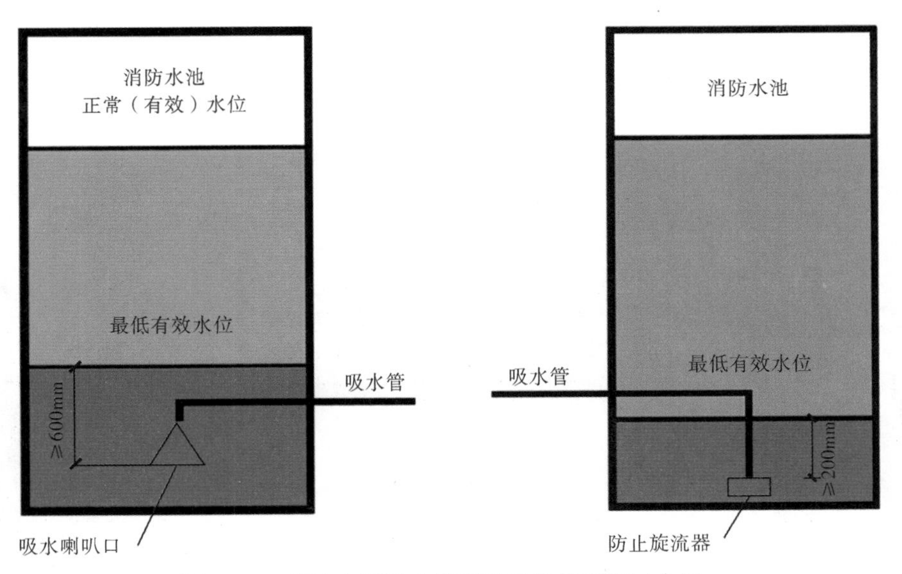

图 1-42　消防水泵吸水管喇叭口淹没深度示意图

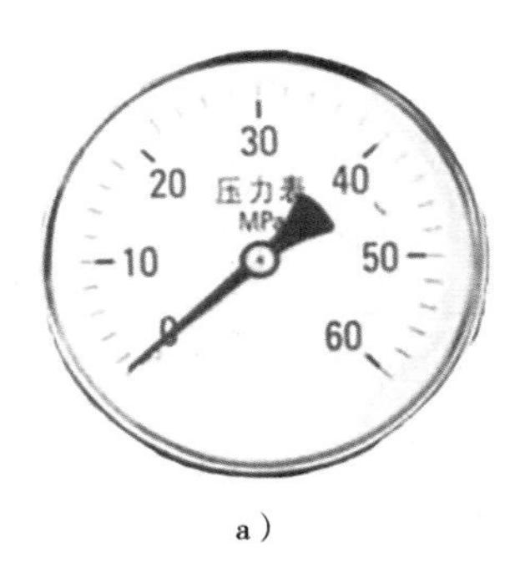

a）

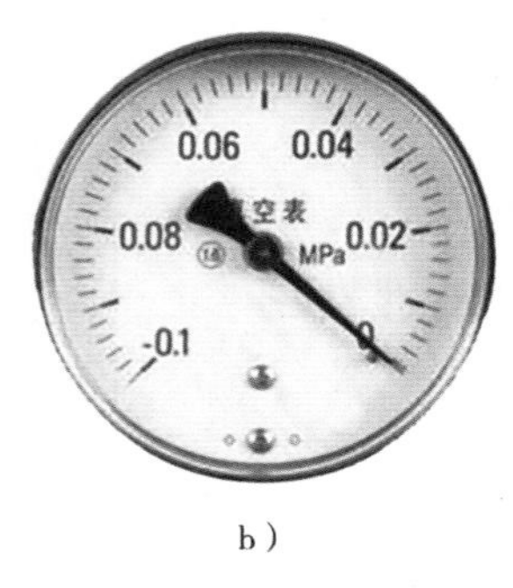

b）

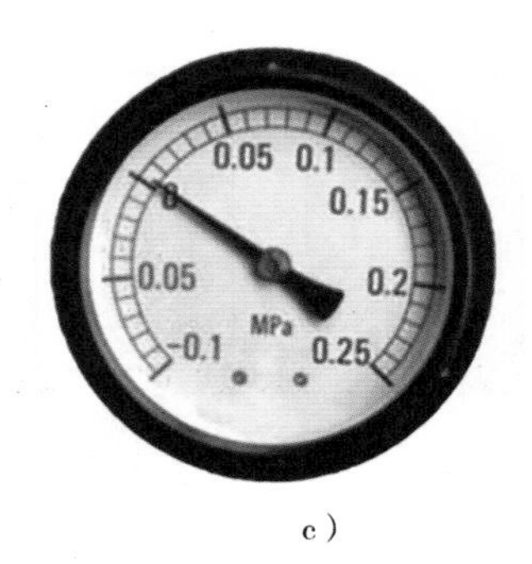

c）

图 1-43　三种压力表示意图

a）普通压力表　b）真空表　c）真空压力表

6. 消防水泵出水管

消防水泵出水管技术要求见表 1-6。

表 1-6　消防水泵出水管技术要求

概念	消防水泵将水加压后，输送到室内管网的管道（图 1-44）
阀门	消防水泵的出水管上应设止回阀、明杆闸阀；当采用蝶阀时，应带有自锁装置；当管径大于 DN300 时，宜设置电动阀门 消防水泵出水管上应安装消声止回阀、控制阀和压力表
流速	消防水泵出水管的直径小于 DN250 时，其流速宜为 1.5~2.0m/s；直径大于 DN250 时，其流速宜为 2.0~2.5m/s
压力表最大量程	消防水泵出水管压力表的最大量程不应低于其设计工作压力的 2 倍，且不应低于 1.60MPa
试水管	每台消防水泵出水管上应设置 DN65 的试水管，并应采取排水措施

图 1-44　消防水泵出水管场景图

7. 消防水泵控制柜

消防水泵控制柜技术要求见表 1-7。

表 1-7　消防水泵控制柜技术要求

概念	消防水泵控制柜主要适用于消防、喷淋管网增压等的水泵自动控制（图 1-45）
控制柜平时状态	消防水泵控制柜应设置在消防水泵房或专用消防水泵控制室内，并应符合下列要求： （1）**消防水泵控制柜在平时应使消防水泵处于**自动启泵状态 （2）当自动水灭火系统为开式系统，且设置自动启动确有困难时，经论证后消防水泵可设置在手动启动状态，并应确保 24h 有人工值班
消防控制室或值班室	消防控制室或值班室，应具有下列控制和显示功能： （1）**消防控制柜或控制盘应设置**专用线路**连接的**手动直接启泵按钮 （2）消防控制柜或控制盘应能显示消防水泵和稳压泵的运行状态 （3）消防控制柜或控制盘应能显示消防水池、高位消防水箱等水源的高水位、低水位报警信号，以及正常水位
防护等级	**消防水泵控制柜设置在**专用消防水泵控制室**时，其防护等级**不应低于 IP30；**与**消防水泵设置**在**同一空间时，**其防护等级**不应低于 IP55
水淹	消防水泵控制柜应采取防止被水淹没的措施
机械应急启泵功能	**消防水泵控制柜**应设置机械应急启泵功能（图 1-46），**并应保证在控制柜内的控制线路发生故障时由有管理权限的人员在紧急时启动消防水泵。机械应急启动时，**应确保消防水泵在报警 5.0min 内正常工作
水泵串联	当消防给水分区供水采用转输消防水泵时，转输泵宜在消防水泵启动后再启动；当消防给水分区供水采用串联消防水泵时，上区消防水泵宜在下区消防水泵启动后再启动

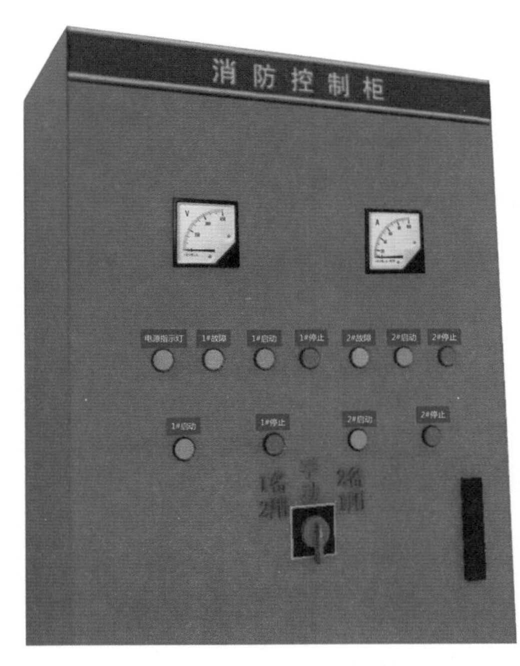

图 1-45　消防水泵控制柜

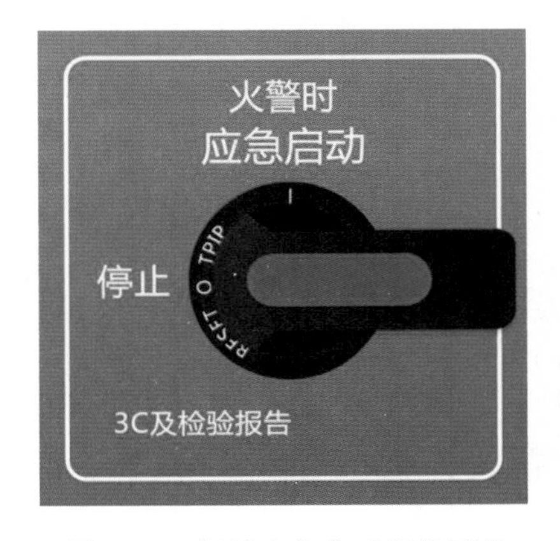

图 1-46　机械应急启动操作开关

8. 稳压装置

稳压装置技术要求见表 1-8。

表 1-8　稳压装置技术要求

概念	稳压泵主要配合主泵保持管网平时的压力，保证系统压力稳定，通常配合气压罐（图 1-47）使用（图 1-48）
类型	稳压泵宜采用离心泵，并宜符合下列规定： （1）宜采用单吸单级或单吸多级离心泵 （2）泵外壳和叶轮等主要部件的材质宜采用不锈钢
设计流量	稳压泵的设计流量应符合下列规定： **（1）稳压泵的设计流量不应小于消防给水系统管网的正常泄漏量和系统自动启动流量** （2）消防给水系统管网的正常泄漏量应根据管道材质、接口形式等确定，当没有管网泄漏量数据时，稳压泵的设计流量宜按消防给水设计流量的 1%~3% 计，且不宜小于 1L/s （3）消防给水系统所采用报警阀压力开关等自动启动流量应根据产品确定
设计压力	稳压泵的设计压力应符合下列要求： **（1）稳压泵的设计压力应满足系统自动启动和管网充满水的要求** （2）稳压泵的设计压力应保持系统自动启泵压力设置点处的压力在准工作状态时大于系统设置自动启泵压力值，且增加值宜为 0.07~0.10MPa（图 1-49 中 p_{s1}~p_2 为 0.07~0.10MPa） （3）稳压泵的设计压力应保持系统最不利点处水灭火设施在准工作状态时的静水压力应大于 0.15MPa
调节容积和有效储水容积	设置稳压泵的临时高压消防给水系统应设置防止稳压泵频繁启停（稳压泵的启停控制，通常采用压力开关或电接点压力表控制，如图 1-50 所示）的技术措施，当采用气压水罐时，其调节容积应根据稳压泵启泵次数不大于 15 次 /h 计算确定，但有效储水容积不宜小于 150L
吸水管 出水管	吸水管应设明杆闸阀 稳压泵出水管应设置消声止回阀和明杆闸阀
备用泵	稳压泵应设置备用泵

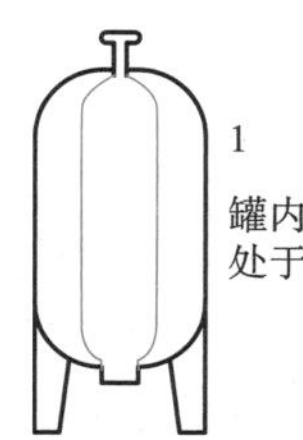

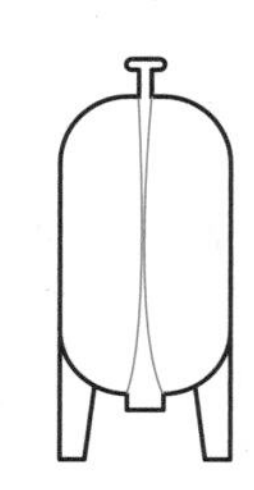

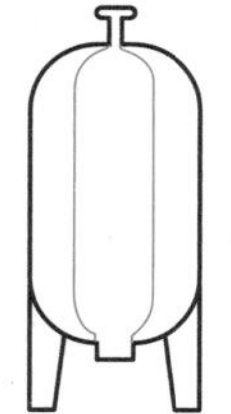

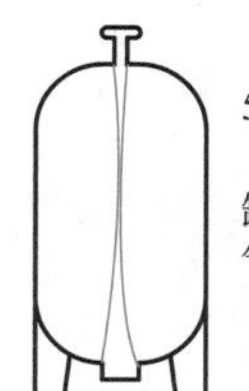

图 1-47　气压罐工作原理示意图

图 1-48　稳压装置场景图

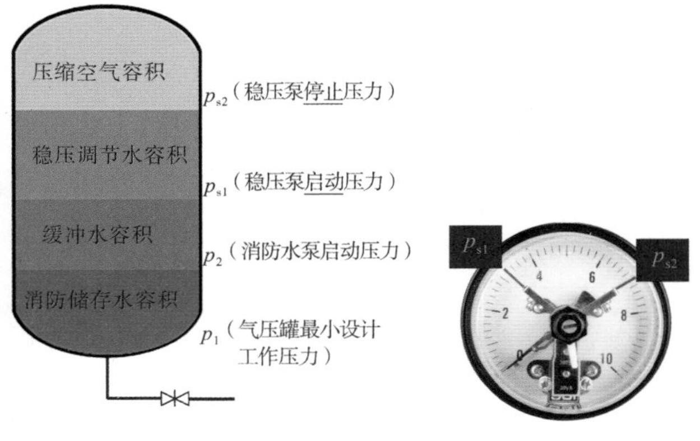

图 1-49　气压罐内部介质容积图　图 1-50　电接点压力表

9. 室内消防管网

室内消防管网技术要求见表 1-9。

表 1-9　室内消防管网技术要求

应布置成环状	室内消火栓系统管网应布置成环状，当室外消火栓设计流量不大于 20L/s，且室内消火栓不超过 10 个时，除另有规定外，可布置成枝状（图 1-51）
管径	室内消防管道管径应根据系统设计流量、流速和压力要求经计算确定；室内消火栓竖管管径应根据竖管最低流量经计算确定，但不应小于 DN100
检修规定	室内消火栓环状给水管道检修时应符合下列规定： （1）室内消火栓竖管应保证检修管道时关闭停用的竖管不超过 1 根，当竖管超过 4 根时，可关闭不相邻的 2 根 （2）每根竖管与供水横干管相接处应设置阀门（可参考图 1-3）
与自动喷水管网合用	室内消火栓给水管网宜与自动喷水等其他水灭火系统的管网分开设置；当合用消防泵时，供水管路沿水流方向应在报警阀前分开设置
阀门的选择	室内架空管道的阀门宜采用蝶阀、明杆闸阀或带启闭刻度的暗杆闸阀等

图 1-51　布置成环状的室内消防管网示意图

10. 室外消防管网

室外消防管网技术要求见表 1-10。

表 1-10 室外消防管网技术要求

应采用环状管网	室外消防给水采用两路消防供水时应采用环状管网，但当采用一路消防供水时可采用枝状管网（图 1-52）
管径	管道的直径应根据流量、流速和压力要求经计算确定，但不应小于 DN100
阀门分段	消防给水管道应采用阀门分成若干独立段，每段内室外消火栓的数量不宜超过 5 个
市政给水管网的市政消火栓	接市政消火栓的环状给水管网的管径不应小于 DN150，枝状管网的管径不宜小于 DN200
管材及连接方式	埋地管道宜采用球墨铸铁管、钢丝网骨架塑料复合管和加强防腐的钢管等管材，室内外架空管道应采用热浸锌镀锌钢管等金属管材。埋地管道当系统工作压力不大于 1.20MPa 时，宜采用球墨铸铁管或钢丝网骨架塑料复合管给水管道；当系统工作压力大于 1.20MPa 小于 1.60MPa 时，宜采用钢丝网骨架塑料复合管、加厚钢管和无缝钢管；当系统工作压力大于 1.60MPa 时，宜采用无缝钢管
阀门的选择	埋地管道的阀门宜采用带启闭刻度的暗杆闸阀，当设置在阀门井内时可采用耐腐蚀的明杆闸阀

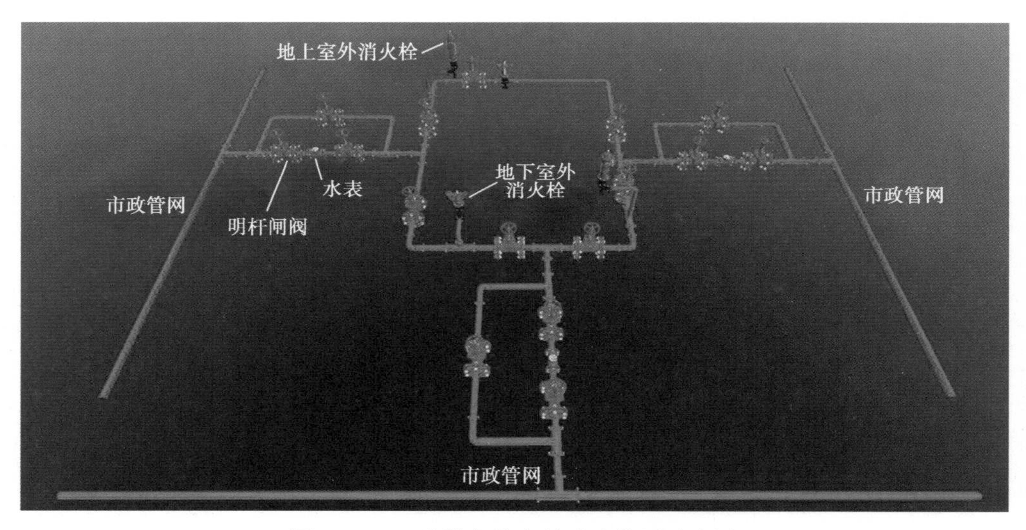

图 1-52 三路供水的室外消防管网示意图

五、消防给水形式

1. 不分区消防给水

整栋大楼采用一个区供水，系统简单、设备少。当高层建筑最低消火栓栓口处的静水压力不大于1.0MPa，或系统工作压力不大于2.40MPa时，可采用此种给水方式。

2. 分区消防给水

符合下列条件时，消防给水系统应分区供水：

（1）系统工作压力大于2.40MPa。

（2）消火栓栓口处静压大于1.0MPa。

（3）自动水灭火系统报警阀处的工作压力大于1.60MPa或喷头处的工作压力大于1.20MPa。

分区供水可采用消防水泵并行或串联、减压水箱和减压阀减压的形式，但当系统的工作压力大于2.4MPa时，应采用消防水泵串联或减压水箱分区供水形式。

（1）**采用消防水泵串联分区供水时**（图1-53），宜采用消防水泵转输水箱串联供水方式，并应符合下列规定：

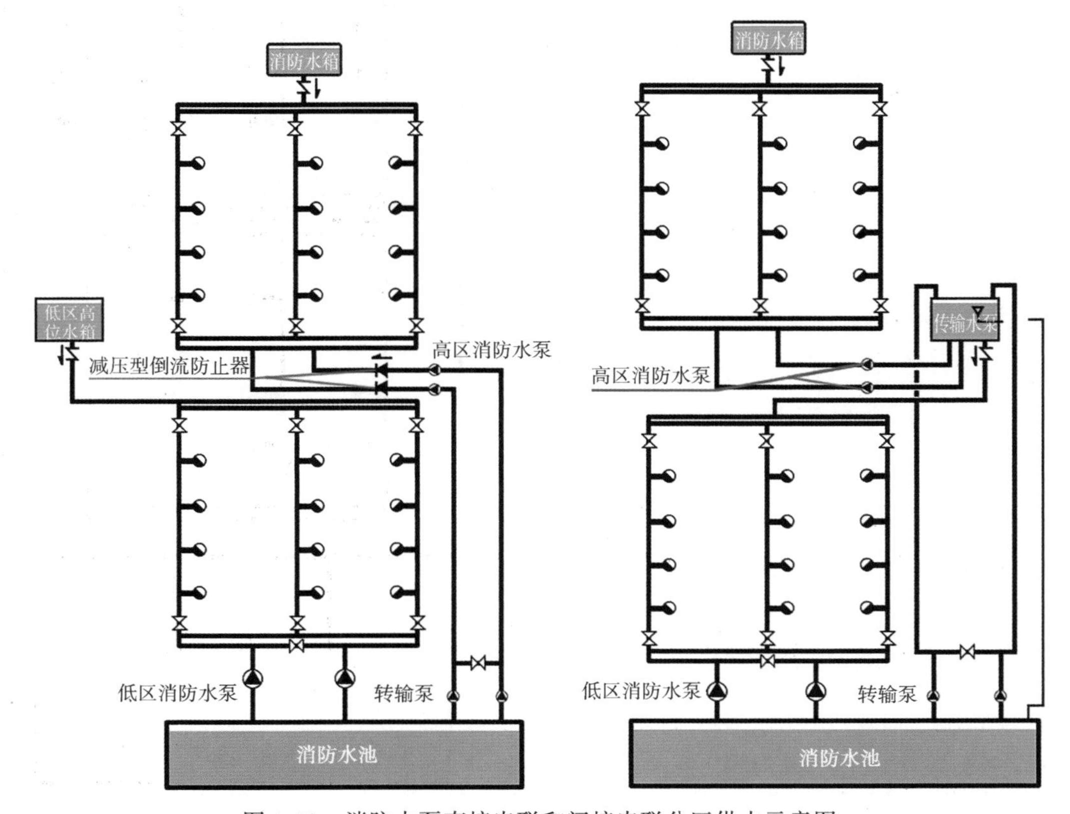

图1-53　消防水泵直接串联和间接串联分区供水示意图

1）当采用消防水泵转输水箱串联时，转输水箱的有效储水容积不应小于 $60m^3$，转输水箱可作为高位消防水箱。

2）串联转输水箱的溢流管宜连接到消防水池。

3）当采用消防水泵直接串联时，应采取确保供水可靠性的措施，且消防水泵从低区到高区应能依次顺序启动。

4）当采用消防水泵直接串联时，应校核系统供水压力，并应在串联消防水泵出水管上设置减压型倒流防止器。

（2）采用减压阀减压分区供水时（图 1-54），应符合下列规定：

1）消防给水所采用的减压阀性能应安全可靠，并应满足消防给水的要求。

2）减压阀应根据消防给水设计流量和压力选择，且设计流量应在减压阀流量压力特性曲线的有效段内，并校核在 150% 设计流量时，减压阀的出口动压不应小于设计值的 65%。

3）每一供水分区应设不少于两组减压阀组，每组减压阀组宜设置备用减压阀。

4）减压阀仅应设置在单向流动的供水管上，不应设置在有双向流动的输水干管上。

5）减压阀宜采用比例式减压阀，当超过 1.20MPa 时，宜采用先导式减压阀。

6）减压阀的阀前阀后压力比值不宜大于 3:1，当一级减压阀减压不能满足要求时，可采用减压阀串联减压，但串联减压不应大于两级，第二级减压阀宜采用先导式减压阀，阀前后压力差不宜超过 0.40MPa。

7）减压阀后应设置安全阀，安全阀的开启压力应能满足系统安全，且不应影响系统的供水安全性。

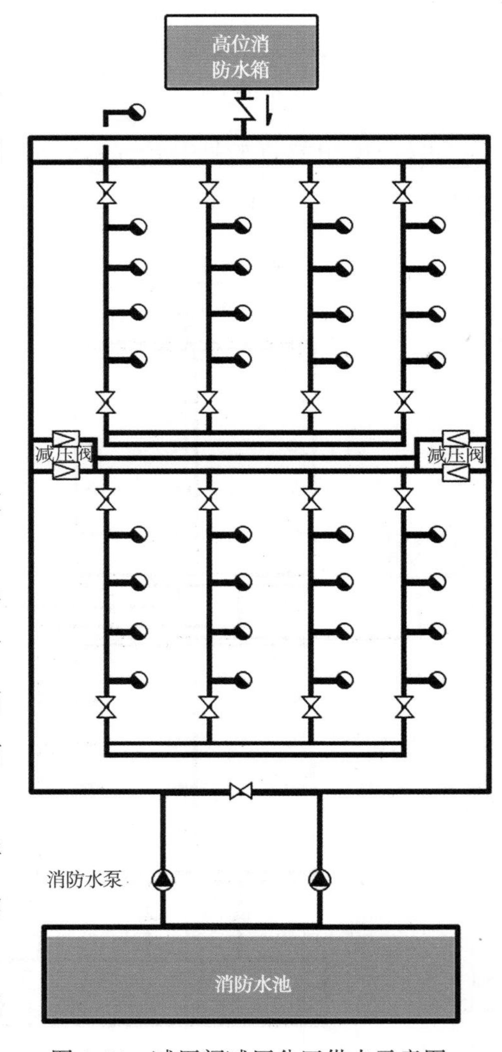

图 1-54　减压阀减压分区供水示意图

（3）采用减压水箱减压分区供水时（图 1-55），应符合下列规定：

1）**减压水箱的有效容积、出水、排水、水位和设置场所，应符合消防水箱的相关规定。**

2）减压水箱的布置和通气管、呼吸管等，应符合消防水箱的相关规定。

3）减压水箱的有效容积不应小于 $18m^3$，且宜分为两格。

4）减压水箱应有两条进、出水管，且每条进、出水管应满足消防给水系统所需消防用水量的要求。

5）减压水箱进水管的水位控制应可靠，宜采用水位控制阀。

6）减压水箱进水管应设置防冲击和溢水的技术措施，并宜在进水管上设置紧急关闭阀门，溢流水宜回流到消防水池。

（4）消防水泵并行。消防水泵并行是有的泵给低区供水，压力小；有的泵给高区供水，压力大，它们之间没有联系，各自独立（图 1-56）。

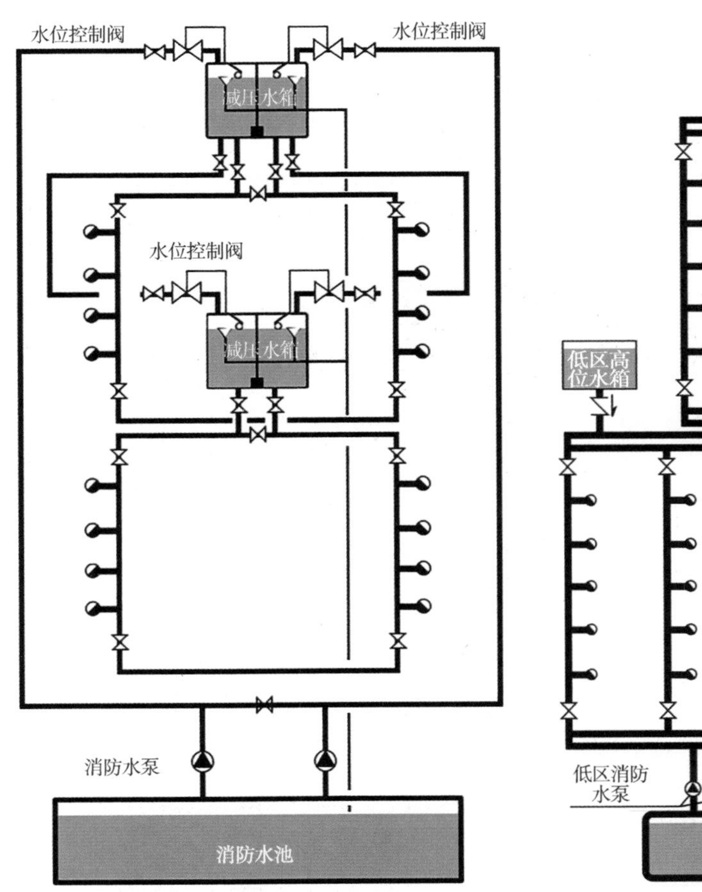

图 1-55　减压水箱减压分区供水示意图

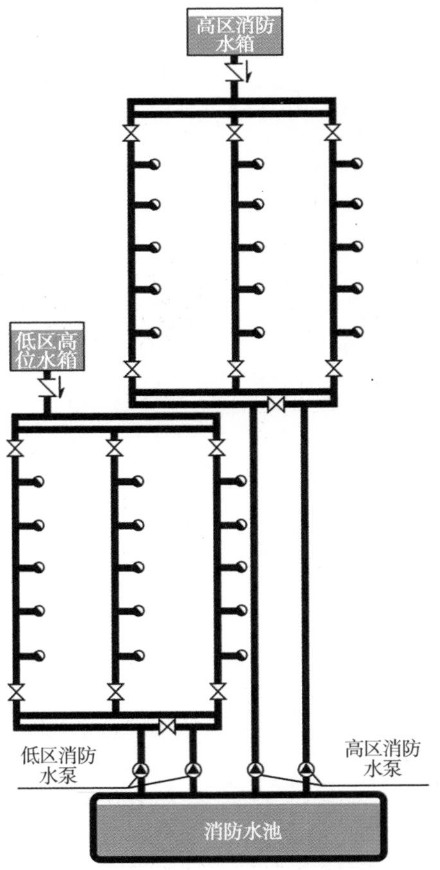

图 1-56　消防水泵并行分区供水示意图

第二部分

消火栓系统

一、消火栓系统的分类与介绍

消火栓系统是由供水设施、消火栓、配水管网和阀门等组成的系统。消火栓系统按照应用场所可分为市政消火栓系统、建筑室外消火栓系统和室内消火栓系统，按照应用方式也可分为湿式消火栓系统和干式消火栓系统。

1. 按应用场所分类

（1）**市政消火栓系统**设置在市政给水管网上，其主要作用是供消防车取水，经增压后向建筑内的供水管网供水或实施灭火，也可以直接连接消防水带、消防水枪出水灭火（图 2-1）。

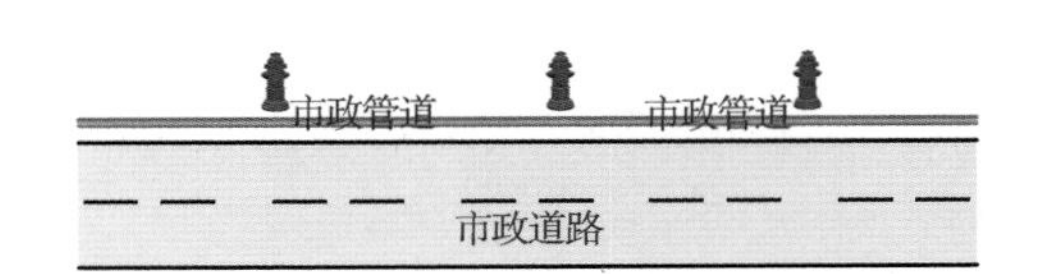

图 2-1　市政消火栓系统示意图

（2）**建筑室外消火栓系统**主要由市政供水管网或室外消防给水管网、消防水池、消防水泵和室外消火栓组成。采用临时高压给水系统的室外消火栓系统如图 2-2 所示。

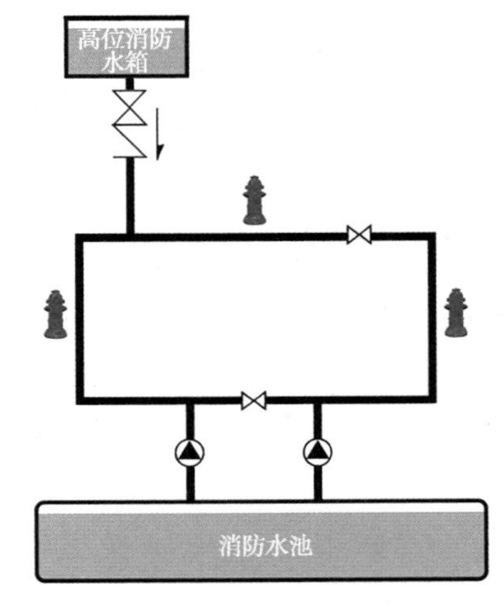

图 2-2　采用临时高压给水系统的室外消火栓系统

（3）**室内消火栓系统**是扑救建筑内火灾的主要设施，通常安装在消火栓箱内，与消防水带和消防水枪等器材配套使用，是使用最普遍的消防设施之一，在消防灭火的使用中因性能可靠、成本低廉而被广泛采用。采用临时高压给水系统的室内消火栓系统如图2-3所示。

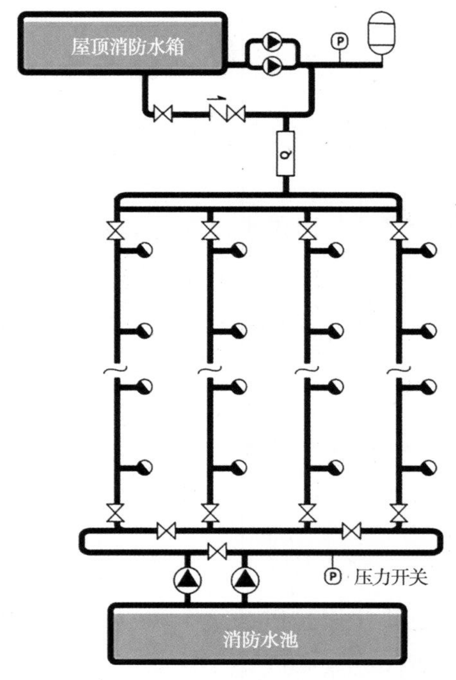

图2-3　采用临时高压给水系统的室内消火栓系统

2. 按照应用方式分类

（1）**湿式消火栓系统**是指平时配水管网内充满水的消火栓系统。

（2）**干式消火栓系统**是指平时配水管网内不充水，火灾时向配水管网充水的消火栓系统。干式消火栓系统如图2-4所示。

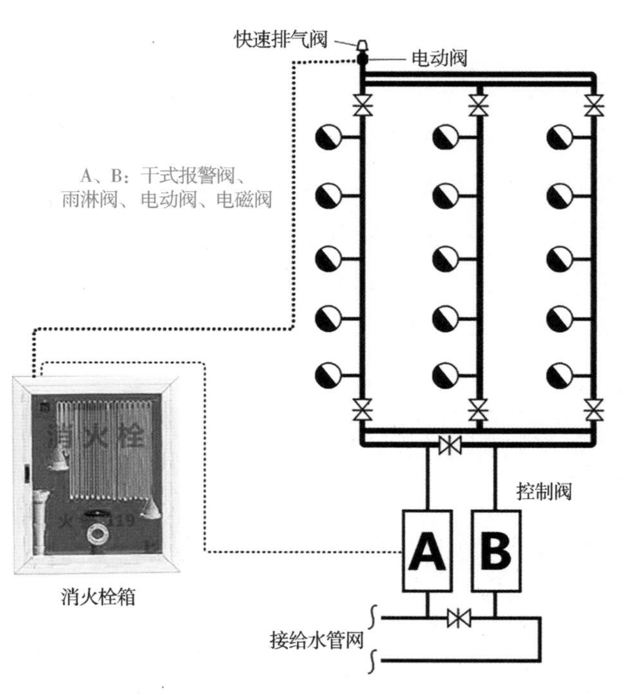

图2-4　干式消火栓系统

二、消火栓系统的设置要求

1. 室外消火栓系统

室外消火栓系统的任务是通过室外消火栓为消防车等消防设备提供消防用水，或通过进户管为室内消防给水设备提供消防用水。

（1）室外消火栓的分类与介绍。 室外消火栓按其安装场合不同可分为地上式和地下式两种（图 2-5）。地上式室外消火栓适用于温度较高的地区，地下式室外消火栓适用于寒冷地区。

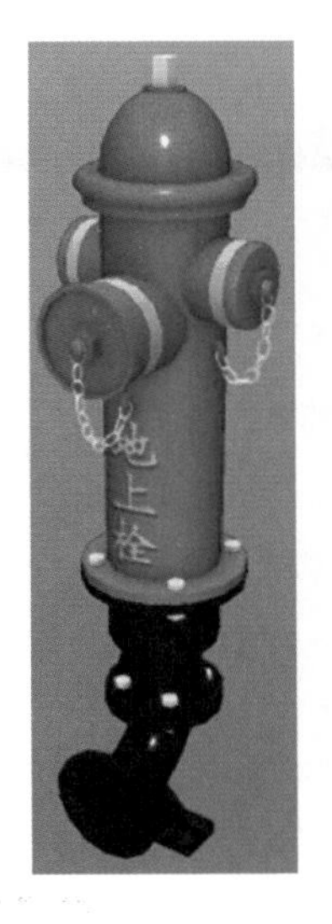

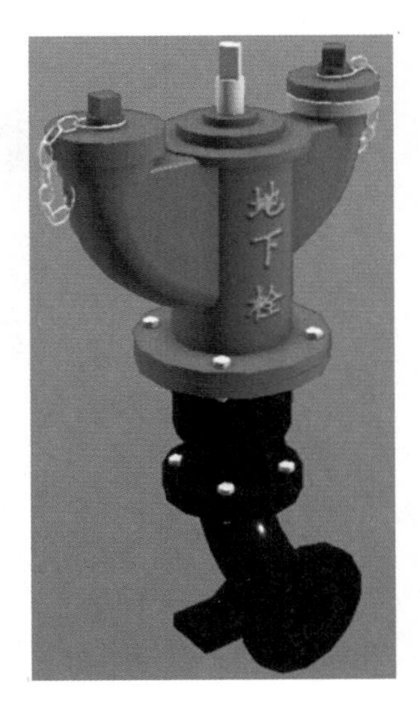

图 2-5　地上式室外消火栓（可扫描）和地下式室外消火栓（可扫描）

（2）室外消火栓的设置要求。

1）市政消火栓技术要求见表 2-1。

表 2-1　市政消火栓技术要求

增置消防水鹤	市政消火栓宜采用地上式室外消火栓；在严寒、寒冷等冬季结冰地区宜采用干式地上式室外消火栓，严寒地区宜增置消防水鹤（图 2-6）。地下消火栓井的直径不宜小于 1.5m
市政消火栓规格	市政消火栓宜采用直径 DN150 的室外消火栓，并应符合下列要求 （1）室外地上式消火栓应有一个直径为 150mm 或 100mm 和两个直径为 65mm 的栓口 （2）室外地下式消火栓应有直径为 100mm 和 65mm 的栓口各一个
数量	市政消火栓的保护半径不应超过 150m，间距不应大于 120m 市政消火栓宜在道路的一侧设置，并宜靠近十字路口，但当市政道路宽度超过 60m 时，应在道路的两侧交叉错落设置市政消火栓

（续）

距周边距离	市政消火栓应布置在消防车易于接近的人行道和绿地等地点，且不应妨碍交通，并应符合下列规定：（图 2-7） （1）市政消火栓距路边不宜小于 0.5m，并不应大于 2.0m （2）市政消火栓距建筑外墙或外墙边缘不宜小于 5.0m
压力	**当市政给水管网设有市政消火栓时，其平时运行工作压力不应小于 0.14MPa，火灾时水力最不利市政消火栓的出流量不应小于 15L/s，且供水压力从地面算起不应小于 0.10MPa**
消防水鹤设置要求	严寒地区在城市主要干道上设置消防水鹤的布置间距宜为 1000m，连接消防水鹤的市政给水管的管径不宜小于 DN200
消防水鹤流量和压力	火灾时消防水鹤的出流量不宜低于 30L/s，且供水压力从地面算起不应小于 0.10MPa

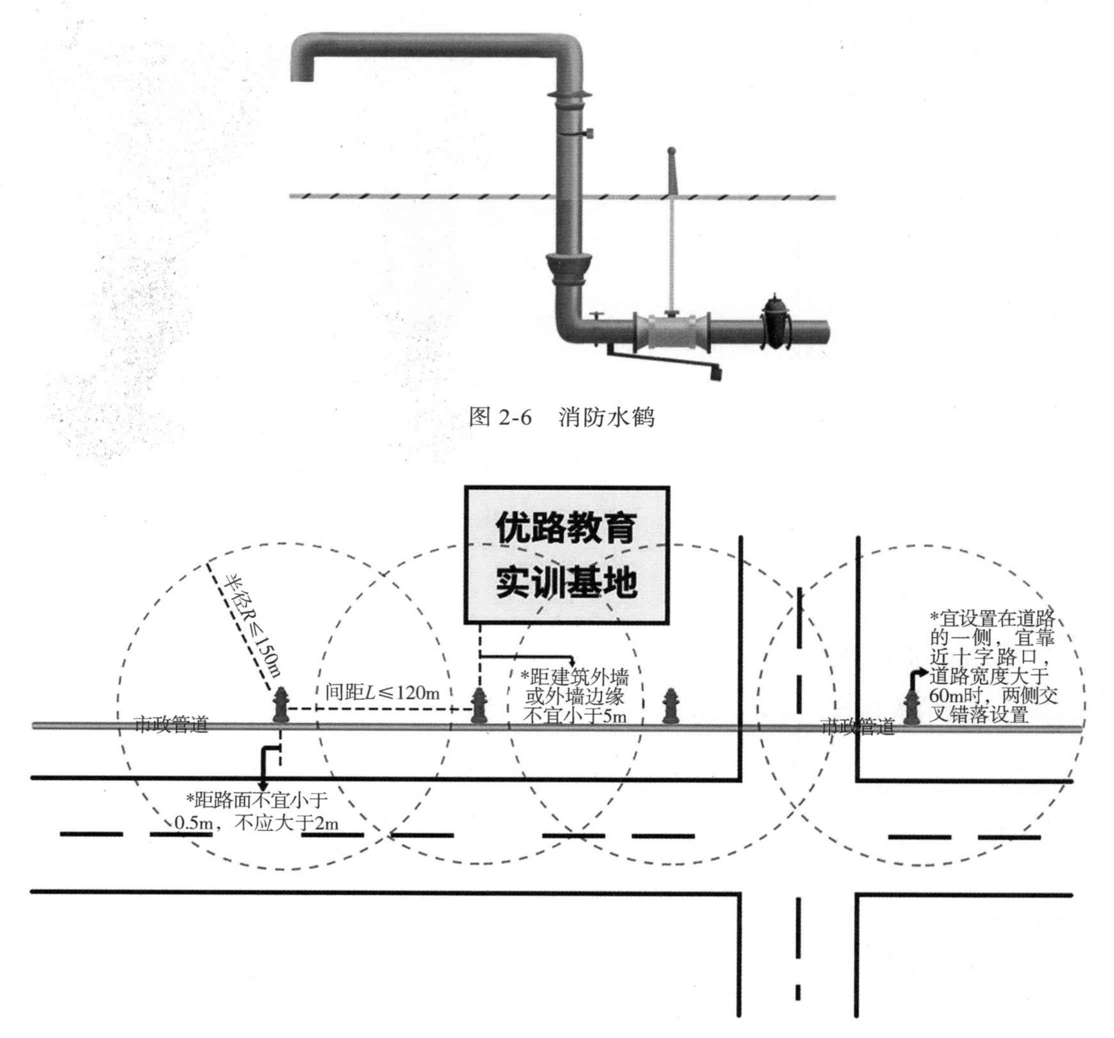

图 2-6　消防水鹤

图 2-7　市政消火栓系统的设置要求示意图

2）建筑室外消火栓技术要求见表 2-2。

表 2-2 建筑室外消火栓技术要求

布置要求相同	建筑室外消火栓的布置除应符合下列规定外，还应符合市政消火栓的有关规定
数量	建筑室外消火栓的数量应根据室外消火栓设计流量和保护半径经计算确定，保护半径不应大于150.0m，每个室外消火栓的出流量宜按 10~15L/s 计算
布置要求	（1）室外消火栓宜沿建筑周围均匀布置，且不宜集中布置在建筑一侧；建筑消防扑救面一侧的室外消火栓数量不宜少于 2 个（图 2-8） （2）人防工程、地下工程等建筑应在出入口附近设置室外消火栓，且距出入口的距离不宜小于5m，并不宜大于 40m （3）停车场的室外消火栓宜沿停车场周边设置，且与最近一排汽车的距离不宜小于 7m，距加油站或油库不宜小于 15m （4）甲、乙、丙类液体储罐区和液化烃罐罐区等构筑物的室外消火栓，应设在防火堤或防护墙外，数量应根据每个罐的设计流量经计算确定，但距罐壁 15m 范围内的消火栓，不应计算在该罐可使用的数量内 （5）工艺装置区等采用高压或临时高压消防给水系统的场所，其周围应设置室外消火栓，数量应根据设计流量经计算确定，且间距不应大于 60.0m。当工艺装置区宽度大于 120.0m 时，宜在该装置区内的路边设置室外消火栓
特殊要求	**室外消防给水引入管当设有倒流防止器，且火灾时因其水头损失导致室外消火栓不能满足市政消火栓压力方面的要求时，应在该倒流防止器前设置一个室外消火栓**

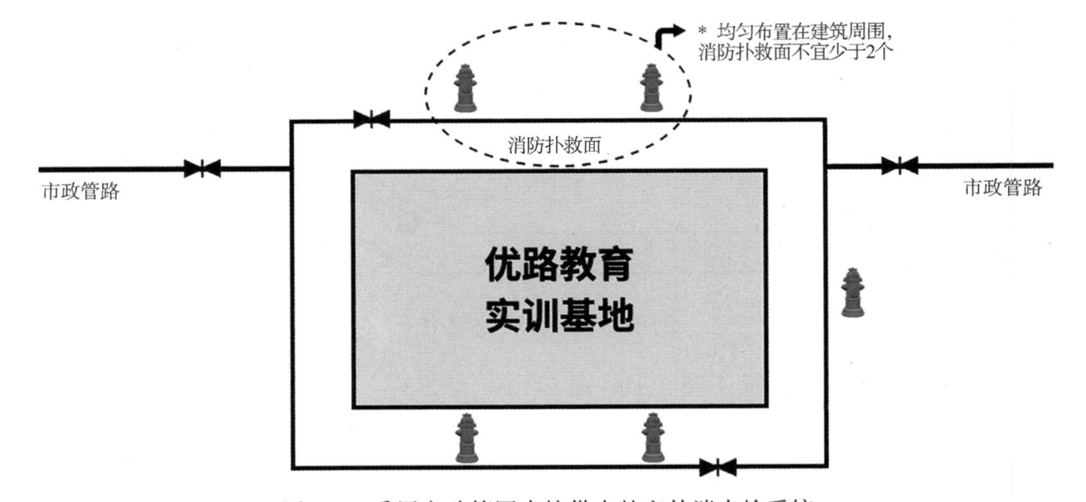

图 2-8 采用市政管网直接供水的室外消火栓系统

2. 室内消火栓系统

（1）室内消火栓的使用方法与工作原理。室内消火栓的使用方法与消防给水的形式有关。在常见的采用临时高压消防给水系统的消火栓系统中，设置有高位消防水箱（消防水池和消防水泵）（图 2-9）。发生火灾时，操作人员打开消火栓箱，按下消火栓箱内的按钮向消防控制中心发出报警信号，将消防水带与消火栓栓口连接，同时铺设好消防水带，打开消火栓阀门即可喷水灭火。消火栓前期的用水主要来自于消防水箱。当设置在高位消防水箱出水管上的流量开关或消防水泵出水管上的低压压力开关动作时，消防水泵会启动，继续为消火栓提供用水。

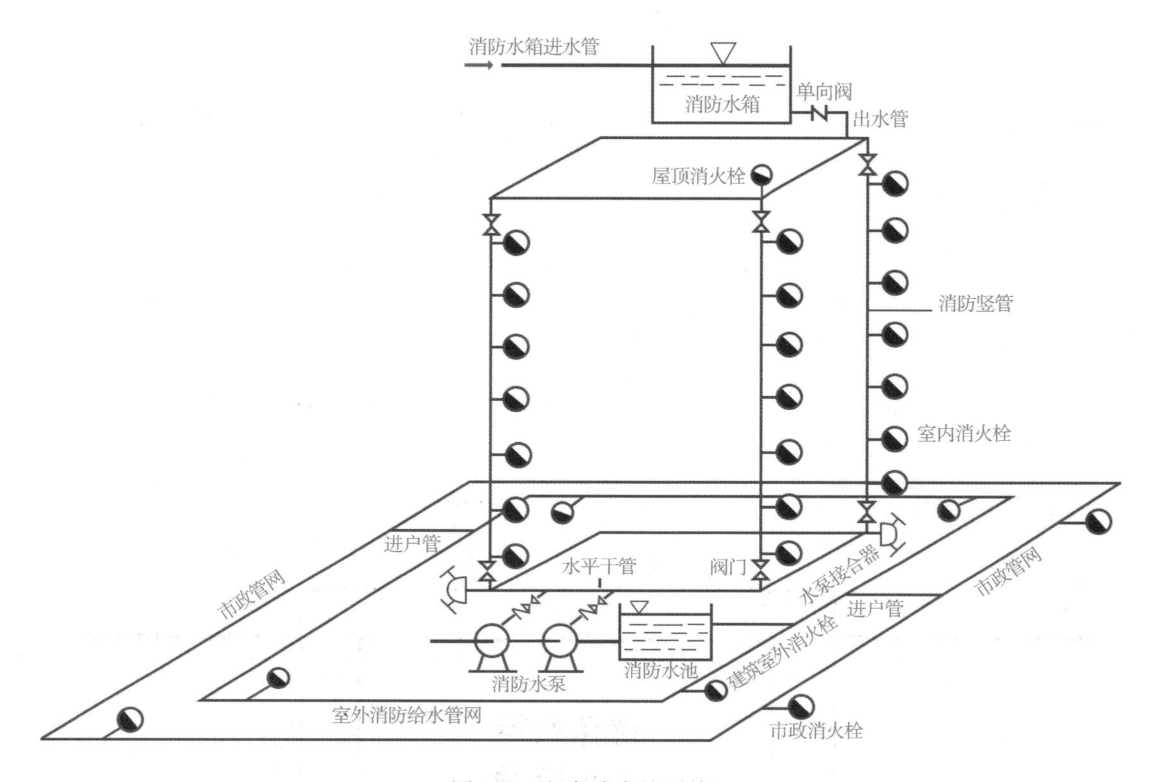

图 2-9　室内消火栓系统

（2）室内消火栓的设置（图 2-10~ 图 2-13、表 2-3）。

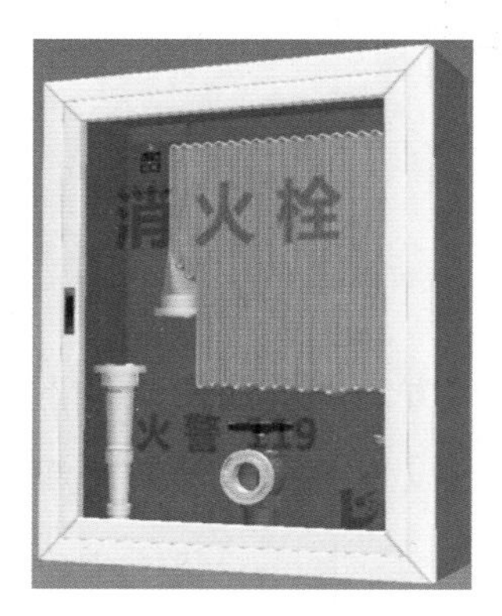

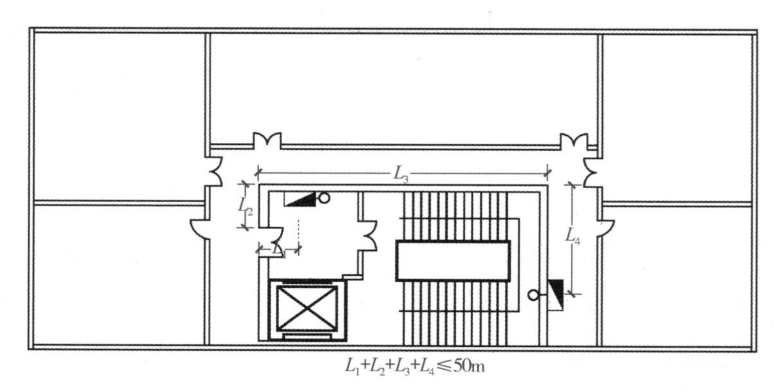

图 2-10　室内消火栓（可扫描）　图 2-11　任一点有两支消防水枪的两支消防水柱保护的场所示意图

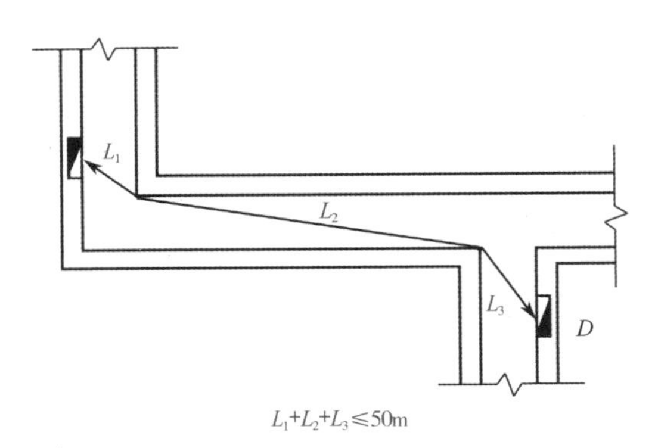

图 2-12 任一点有一支消防水枪的一支消防水柱保护的场所示意图

消火栓箱内的按钮不宜作为直接启动消防泵的开关，可作为报警信号

消防软管卷盘内径不小于 ϕ19mm，长度宜为30m

“消火栓”字样高宽不得小于100mm × 80mm

阀门中心距箱侧面140mm，内表面100mm，允许偏差 ± 5mm。手轮直径不应小于120mm

宜采用当量喷嘴直径16mm或19mm的消防水枪

DN65的室内消火栓，栓口距地面宜为1.1m，与墙面呈90°或向下，不应安装在门轴侧

安装完毕之后，箱门开门角度不应小于120°

DN65的有内衬里的消防水带，长度宜为25m

图 2-13 室内消火栓设置要求

表 2-3 室内消火栓技术要求

温度	**室内环境温度**不低于 4℃，**且**不高于 70℃**的场所，应采用**湿式室内消火栓系统
配置	1）应采用 DN65 室内消火栓，并可与消防软管卷盘或轻便水龙设置在同一箱体内 2）应配置公称直径 65 有内衬里的消防水带，长度不宜超过 25.0m 3）宜配置当量喷嘴直径 16mm 或 19mm 的消防水枪，但当消火栓设计流量为 2.5L/s 时，宜配置当量喷嘴直径 11mm 或 13mm 的消防水枪
各层均设	**设置室内消火栓的建筑，包括**设备层在内的各层**均应设置消火栓**
充实水柱	室内消火栓的布置应满足同一平面有 2 支消防水枪的 2 股充实水柱同时达到任何部位的要求；但建筑高度小于或等于 24.0m 且体积小于或等于 5000m^3 的多层仓库、建筑高度小于或等于 54m 且每单元设置一部疏散楼梯的住宅，以及《消防给水及消火栓系统技术规范》（GB 50974—2014）表 3.5.2 中规定可采用 1 支消防水枪的场所，可采用 1 支消防水枪的 1 股充实水柱到达室内任何部位
设置位置	1）室内消火栓应设置在楼梯间及其休息平台和前室、走道等明显易于取用，以及便于火灾扑救的位置 2）同一楼梯间及其附近不同层设置的消火栓，其平面位置宜相同

（续）

布置间距	室内消火栓宜按直线距离计算其布置间距，并应符合下列规定： 1）消火栓按2支消防水枪的2股充实水柱布置的建筑物，消火栓的布置间距不应大于30.0m（图2-11） 2）消火栓按1支消防水枪的1股充实水柱布置的建筑物，消火栓的布置间距不应大于50.0m（图2-12）
栓口高度	建筑室内消火栓栓口的安装高度应便于消防水带的连接和使用，其距地面高度宜为1.1m；其出水方向应便于消防水带的敷设，并宜与设置消火栓的墙面呈90°角或向下（图2-13）

（3）室内消火栓栓口压力和消火栓充实水柱（图2-14、表2-4）。

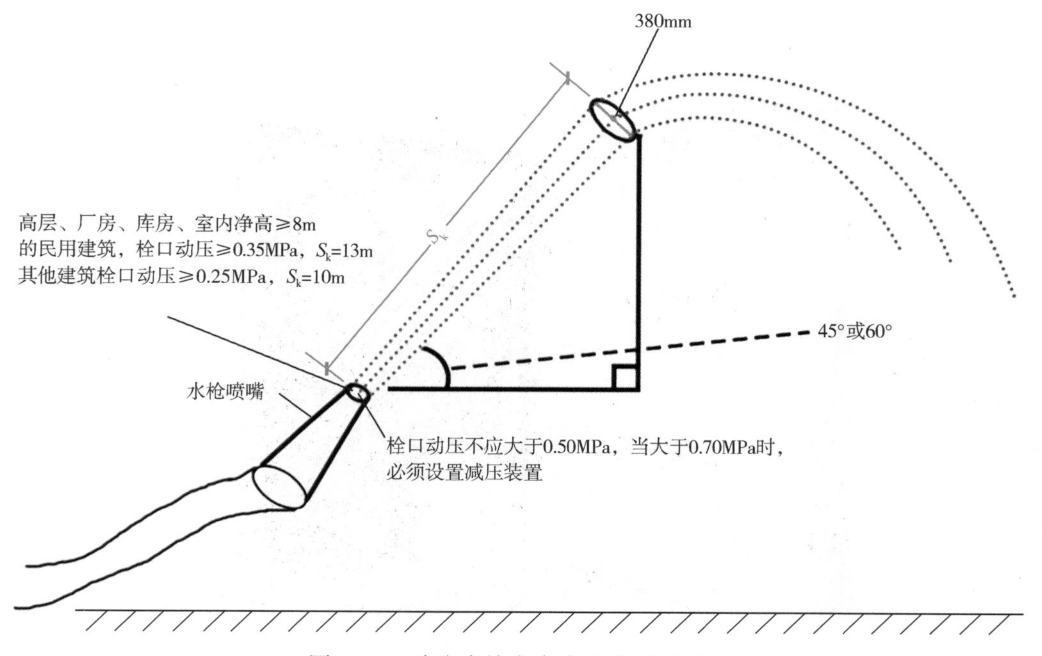

图2-14　消防水枪充实水柱的设置要求

表2-4　室内消火栓栓口压力和消火栓充实水柱技术要求

栓口压力和充实水柱	室内消火栓栓口压力和消防水枪充实水柱，应符合下列规定（图2-14） 1）消火栓栓口动压力不应大于0.50MPa，当大于0.70MPa时，必须设置减压装置 2）高层建筑、厂房、库房和室内净空高度超过8m的民用建筑等场所，消火栓栓口动压不应小于0.35MPa，且消防水枪充实水柱应按13m计算；其他场所，消火栓栓口动压不应小于0.25MPa，且消防水枪充实水柱应按10m计算

（4）消防软管卷盘和轻便消防水龙的设置要求（表2-5）。

表2-5　消防软管卷盘和轻便消防水龙的设置要求

软管	消防软管卷盘应配置内径不小于ϕ19mm的消防软管，其长度宜为30.0m
水带	轻便消防水龙应配置公称直径25mm有内衬里的消防水带，长度宜为30.0m
水枪	消防软管卷盘和轻便消防水龙应配置当量喷嘴直径6mm的消防水枪

第三部分

自动喷水灭火系统

一、自动喷水灭火系统的介绍与分类
二、自动喷水灭火系统主要组件
三、系统的工作原理与适用范围
四、火灾危险等级划分
五、系统设计基本参数
六、系统主要组件的设置要求

一、自动喷水灭火系统的介绍与分类

自动喷水灭火系统（图 3-1）是由洒水喷头、报警阀组、水流报警装置（水流指示器或压力开关）等组件，以及管道、供水设施组成的，并能在发生火灾时喷水的自动灭火系统。

各个系统的基本实物图如图 3-2~图 3-6 所示。

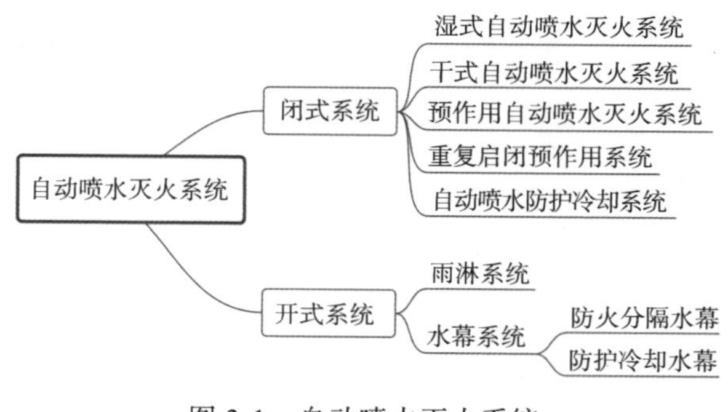

图 3-1　自动喷水灭火系统

1. 湿式自动喷水灭火系统

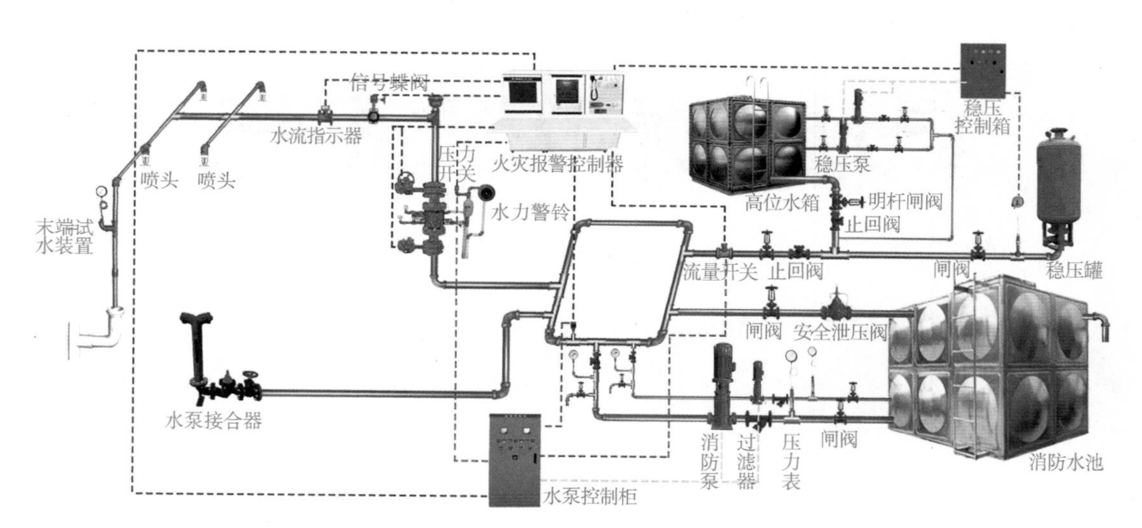

图 3-2　湿式自动喷水灭火系统实物图

2. 干式自动喷水灭火系统

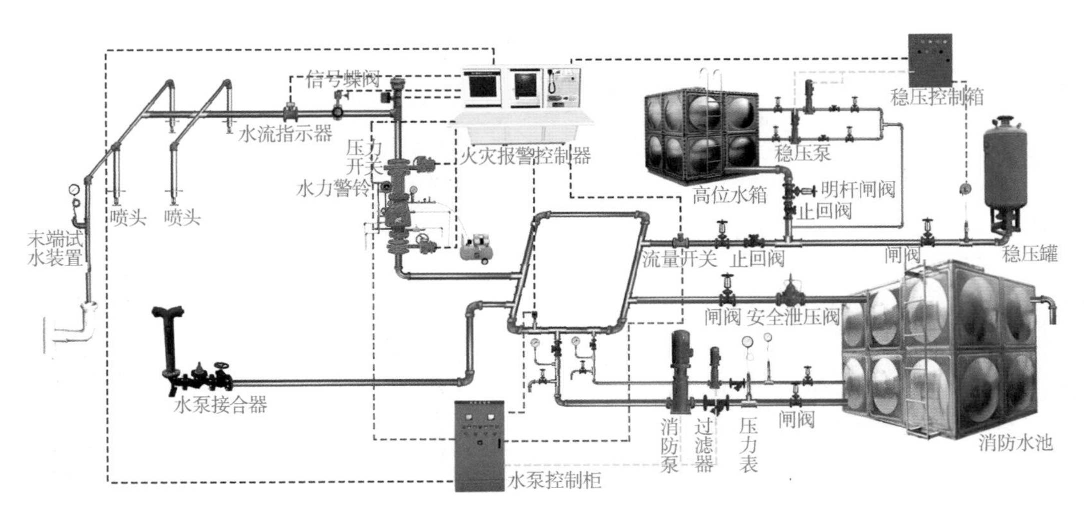

图 3-3　干式自动喷水灭火系统实物图

3. 预作用自动喷水灭火系统

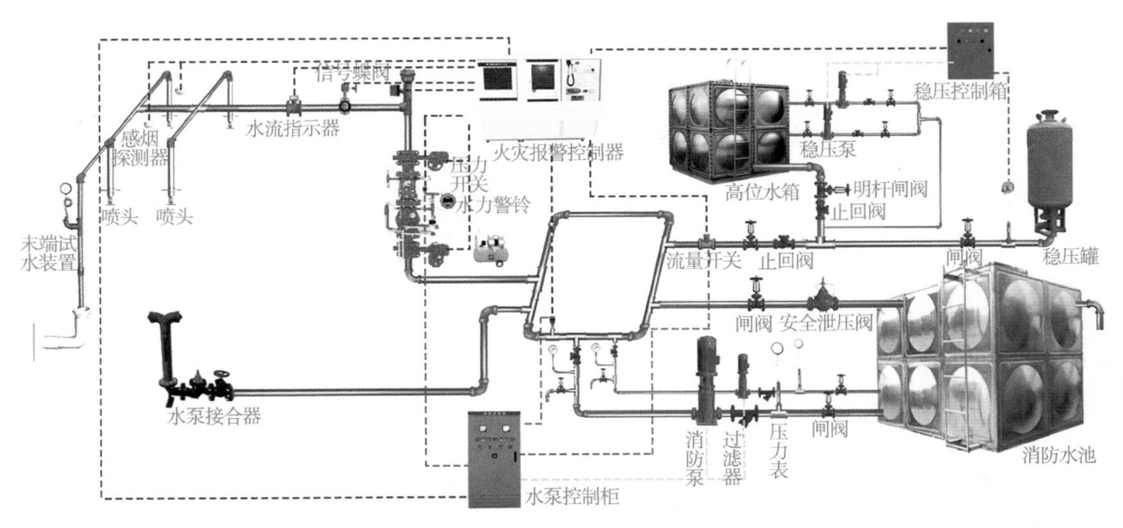

图 3-4　预作用自动喷水灭火系统实物图

4. 雨淋系统

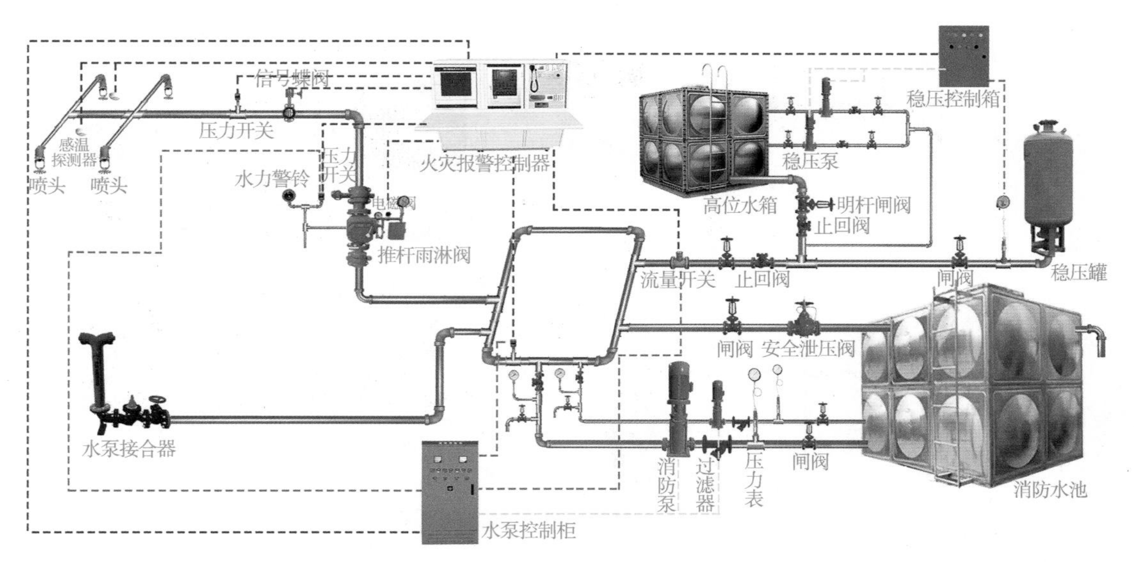

图 3-5　雨淋系统实物图

5. 水幕系统

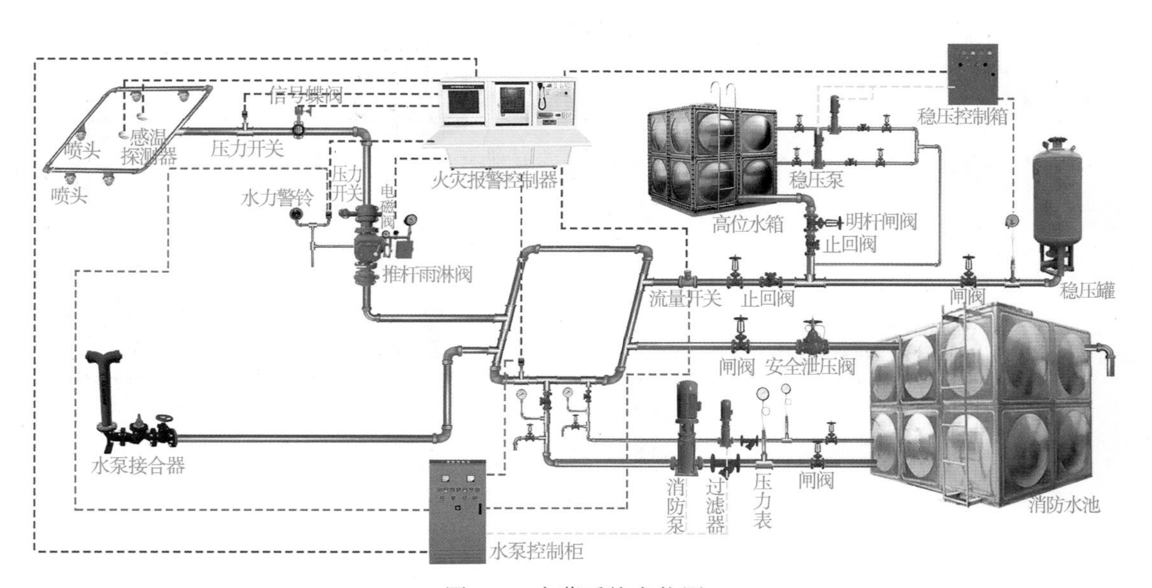

图 3-6　水幕系统实物图

二、自动喷水灭火系统主要组件

1. 洒水喷头

（1）按照结构组成分类。

1）闭式喷头具有释放机构，由玻璃球或易熔元件（图 3-7）、密封件等零件组成。平时喷头出水口由玻璃球或易熔元件（释放机构）所封闭，发生火灾时，随着房间温度逐渐上升，释放机构自动脱落，喷头开启喷水。

图 3-7　玻璃球或易熔元件闭式喷头

常见的不同色标的闭式喷头如图 3-8 所示，闭式喷头的公称动作温度和色标见表 3-1。

图 3-8　常见的不同色标的闭式喷头

表 3-1　闭式喷头的公称动作温度和色标

玻璃球喷头		易熔元件喷头	
公称动作温度 /℃	工作液色标	公称动作温度 /℃	轭臂色标
57	橙	57~77	无色
68	红	80~107	白
79	黄	121~149	蓝
93	绿	163~191	红
107	灰	204~246	绿
121	天蓝	260~302	橙
141	蓝	320~343	橙

2）开式喷头（包括水幕喷头）没有释放机构，喷口呈常开状态（图 3-9）。

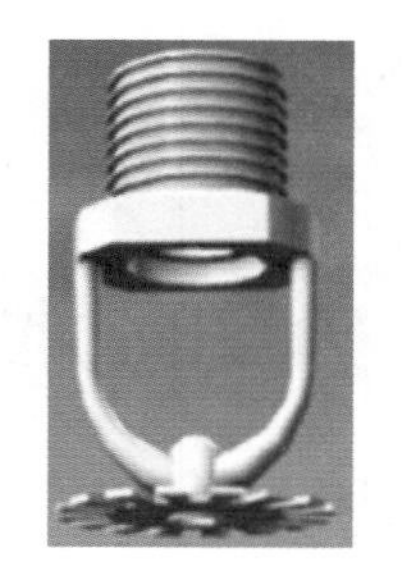

图 3-9　开式喷头

（2）另外，除了按照结构组成分类可以分为闭式喷头和开式喷头外，喷头还有其他的分类方式（图 3-10~ 图 3-12），总结如下。

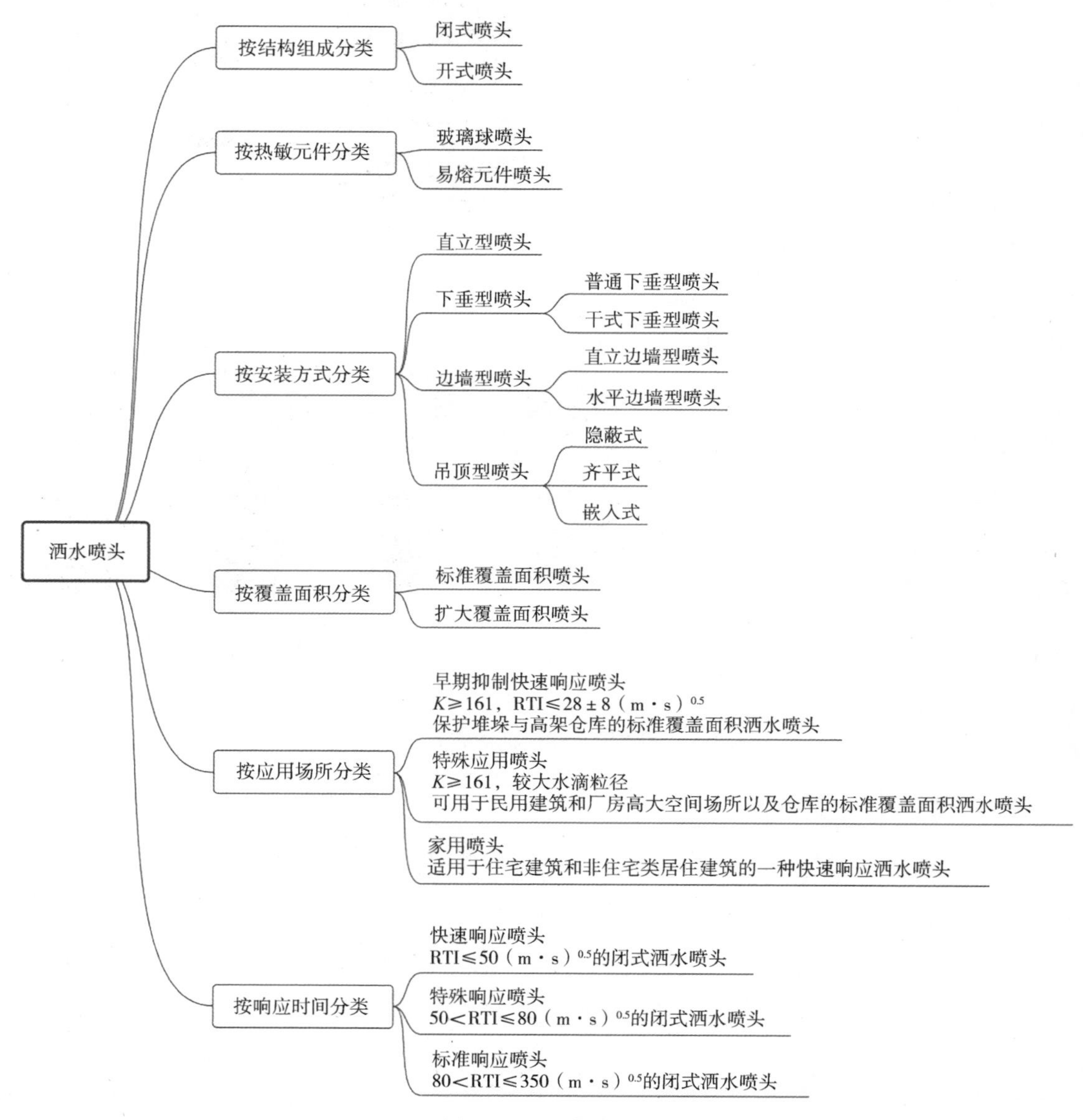

图 3-10　洒水喷头

图 3-11　按安装方式分类的喷头类型

a）下垂型喷头　b）直立型喷头　c）边墙型喷头

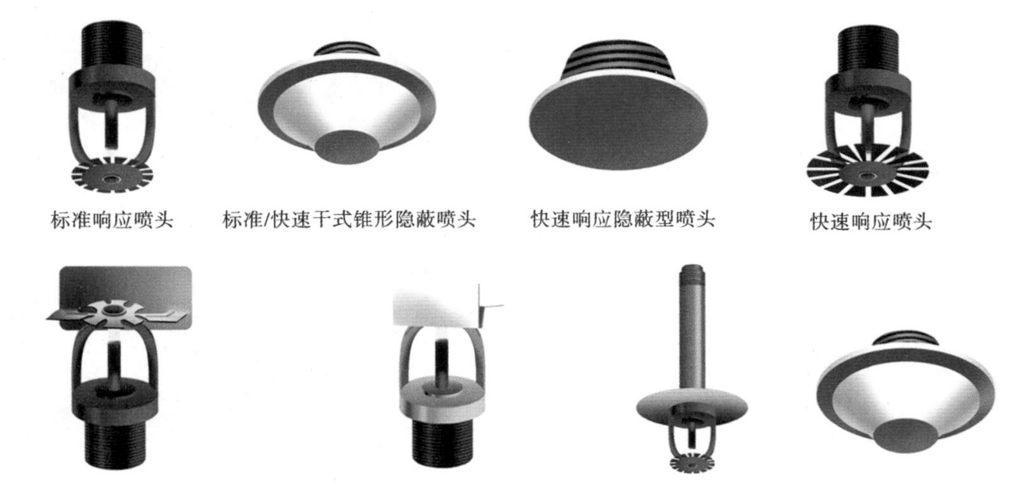

图 3-12　其他喷头类型

2. 报警阀组（图 3-13）

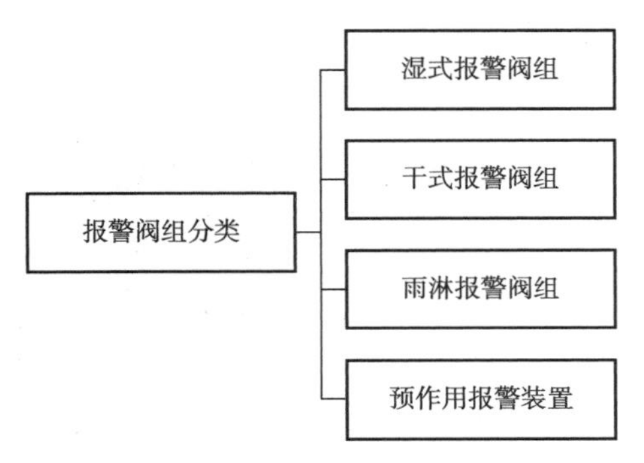

图 3-13　报警阀组分类

（1）**湿式报警阀组。**湿式报警阀是湿式自动喷水系统的控制阀门，主要是只允许供水侧的水向系统侧流动的单向阀，湿式报警阀正面图和反面图如图 3-14 所示。湿式报警阀主要由单向阀、压力表、报警管路（球阀、过滤器、延迟器、压力开关、水力警铃）、试水阀等组成。

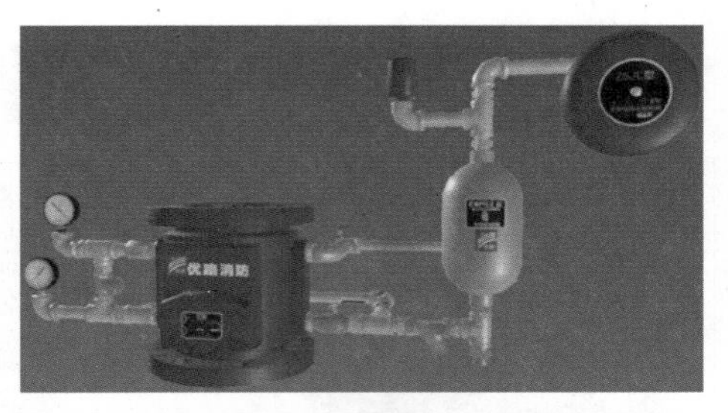

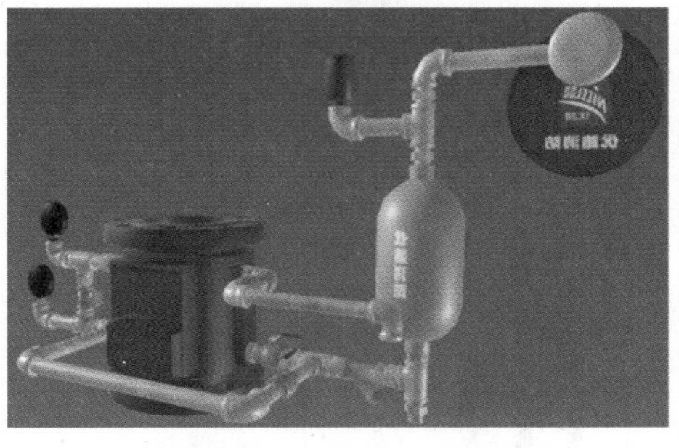

图 3-14　湿式报警阀正面图（可扫描）和反面图

（2）**干式报警阀组。**干式报警阀的工作原理类似于湿式报警阀，只不过干式报警阀阀瓣上方充的是压缩空气，下方与供水侧相连。干式报警阀组主要由干式报警阀、空气压缩机、压力表、排水阀、主排水阀和报警管路（球阀、过滤器、压力开关、水力警铃）等组成。干式报警阀正面图和反面图如图 3-15 所示。

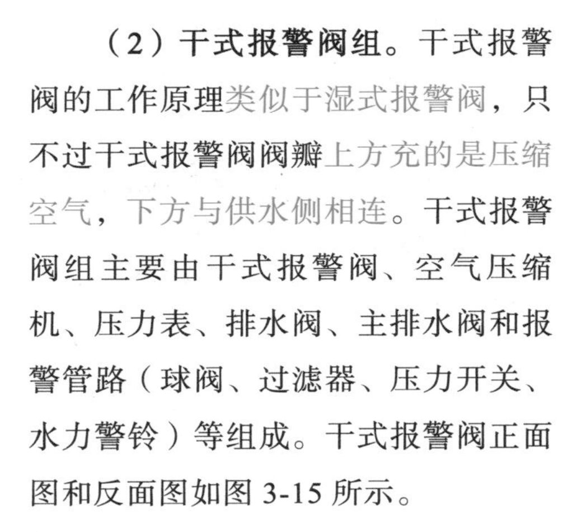

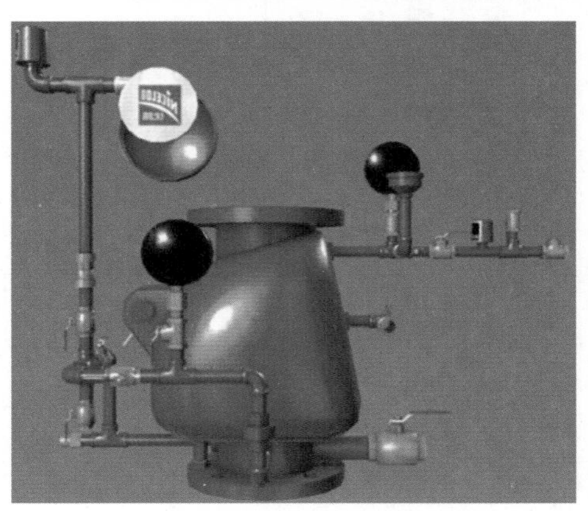

图 3-15　干式报警阀正面图（可扫描）和反面图（可扫描）

（3）**雨淋报警阀组**。雨淋报警阀不同于湿式报警阀和干式报警阀，它不靠阀瓣上、下方压力的改变进而控制雨淋报警阀的开启或关闭。雨淋阀的阀腔分成上腔、下腔和控制腔三部分，主要通过控制腔的压力状态，来控制雨淋报警阀的开启或关闭，开启的方法主要分为三种：电动开启、传动管开启和手动机械开启。按照其结构可以分为推杆式雨淋报警阀（图 3-16）、隔膜式雨淋报警阀（图 3-17）、活塞式雨淋报警阀和蝶阀式雨淋报警阀。

图 3-16　推杆式雨淋报警阀正面图（可扫描）和反面图（可扫描）

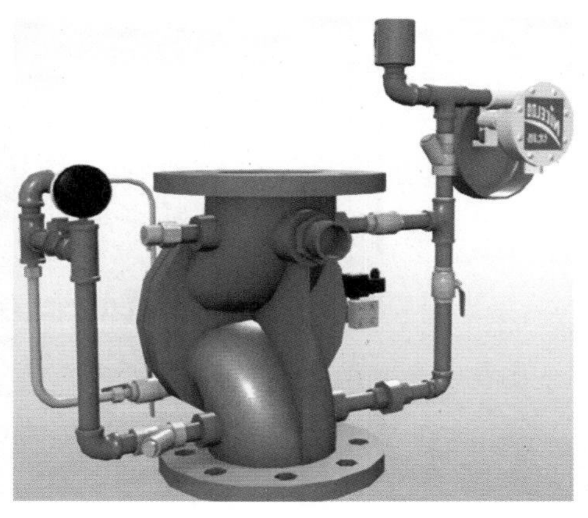

图 3-17　隔膜式雨淋报警阀正面图（可扫描）和反面图

（4）**预作用报警装置**。预作用报警装置由预作用报警阀组、控制盘、气压维持装置和空气供给装置组成，可采用雨淋报警阀和湿式报警阀组合形式，使水单向地流入室内管网，同时能够提供报警功能。预作用报警装置正面图和反面图如图 3-18 所示。

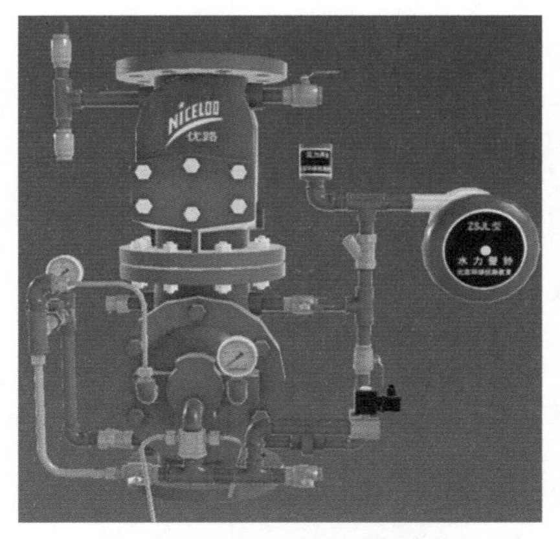

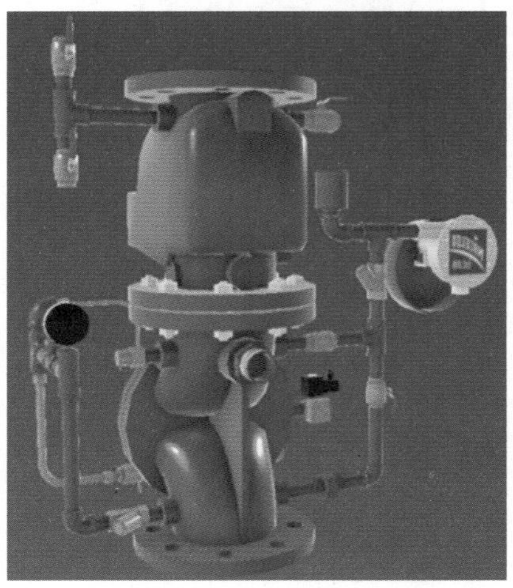

图 3-18　预作用报警装置正面图（可扫描）和反面图（可扫描）

3. 水流指示器

水流指示器是自动喷水灭火系统中的重要组件，是能够将水流信号转换成电信号的一种水流报警装置，因此可用于报告发生火灾的位置。一般用于湿式、干式、预作用等闭式自动喷水灭火系统中。水流指示器和内部结构图如图 3-19 所示。

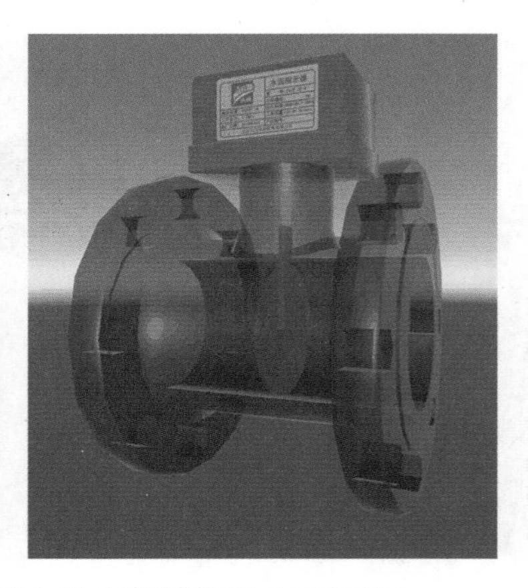

图 3-19　水流指示器（可扫描）和内部结构图（可扫描）

4. 压力开关

压力开关是可将系统的压力信号转化为电信号的压力传感器（图 3-20）。

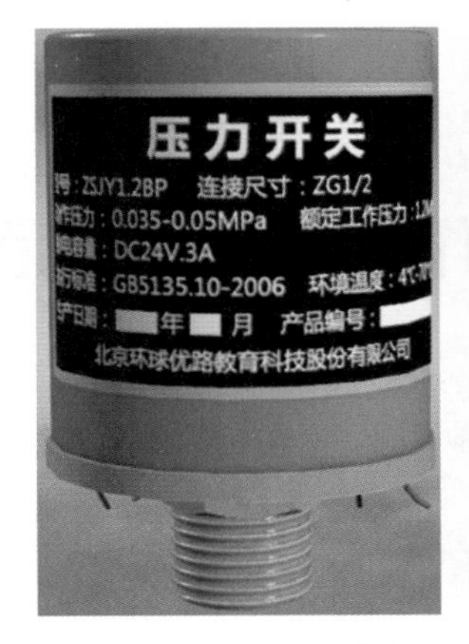

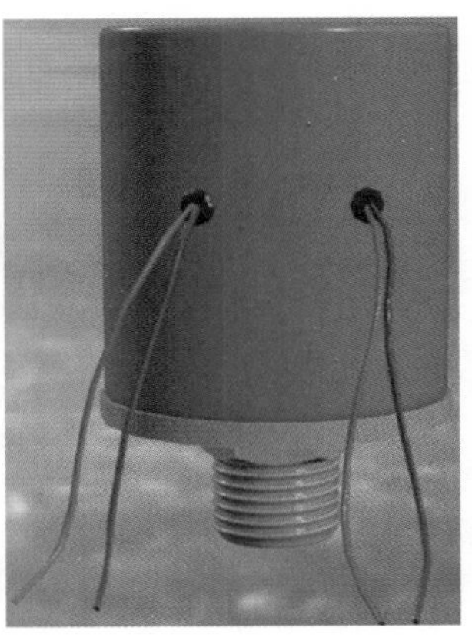

图 3-20　压力开关正面图和反面图（可扫描）

5. 末端试水装置

末端试水装置主要由试水阀、压力表和试水接头等组成（图 3-21），通过阀门的开启可以测试系统的是否能正常工作，测试干式系统和预作用系统的管道充水时间。

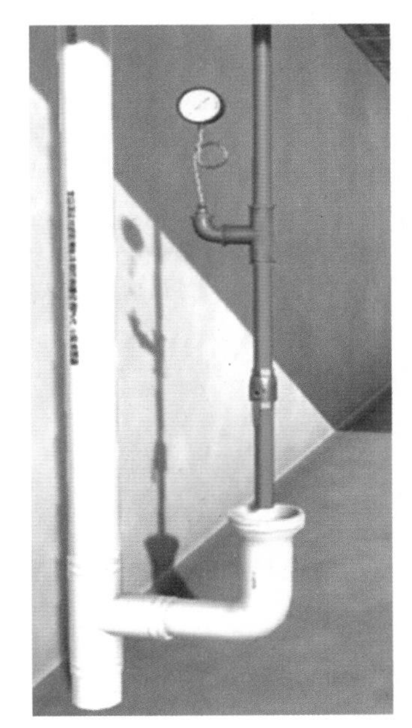

图 3-21　末端试水装置（可扫描）

三、系统的工作原理与适用范围

系统的工作原理与适用范围见表 3-2。

表 3-2　系统的工作原理与适用范围

<table>
<tr><th>类型</th><th>准工作状态</th><th>工作原理</th><th>适用范围</th><th>自动启泵</th></tr>
<tr><td>湿式</td><td>配水管道内充满用于启动系统的有压水</td><td>闭式喷头爆裂开启，喷水</td><td>环境温度不低于 4℃且不高于 70℃</td><td rowspan="3">1）消防水泵出水干管上的压力开关
2）高位消防水箱出水管上的流量开关
3）报警阀组压力开关
4）火灾自动报警系统（仅适用于预作用系统）</td></tr>
<tr><td>干式</td><td>配水管道内充满用于启动系统的有压气体</td><td>闭式喷头爆裂开启，先喷气，再喷水（充水时间不大于 1min）</td><td>环境温度低于 4℃或高于 70℃</td></tr>
<tr><td>预作用</td><td>配水管道内不充水（充有压气体）</td><td>火灾自动报警系统（或与充气管道上的压力开关一起）打开预作用装置和快速排气阀前的电动阀，系统充水变为湿式系统，继续发展则闭式喷头爆裂，喷水（充水时间不大于 2min/1min）</td><td>1）准工作状态时严禁误喷
2）准工作状态时严禁管道充水
3）替代干式系统</td></tr>
<tr><td>雨淋</td><td rowspan="2">系统通过开式喷头与大气相通</td><td rowspan="2">火灾自动报警系统或传动管打开雨淋阀，开式喷头同时喷水（雨淋系统充水时间不大于 2min）</td><td>1）火灾的水平蔓延速度快、闭式洒水喷头的开放不能及时使喷水有效覆盖着火区域的场所
2）净空高度超过一定高度，且必须迅速扑救初期火灾的场所
3）火灾危险等级为严重危险级Ⅱ级的场所</td><td rowspan="2">1）消防水泵出水干管上的压力开关
2）高位消防水箱出水管上的流量开关
3）报警阀组压力开关
4）火灾自动报警系统</td></tr>
<tr><td>水幕</td><td>不直接灭火，用于防火分隔或冷却分隔物</td></tr>
</table>

1. 湿式系统（采用报警阀压力开关启泵）

湿式自动喷水灭火系统工作原理如图 3-22 所示。

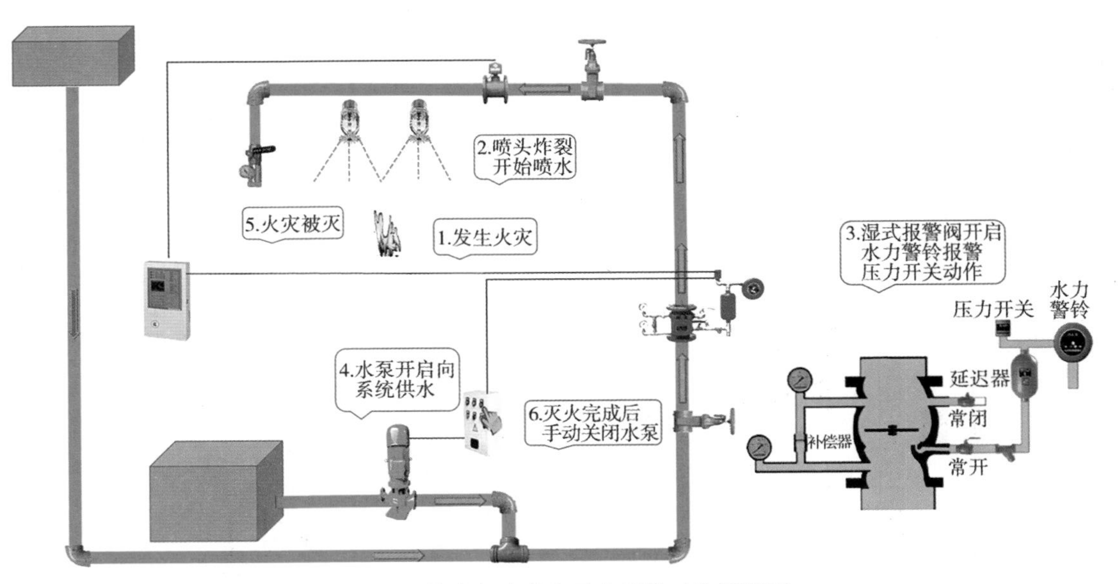

图 3-22　湿式自动喷水灭火系统工作原理图

2. 干式系统（采用报警阀压力开关启泵）

干式自动喷水灭火系统工作原理如图 3-23 所示。

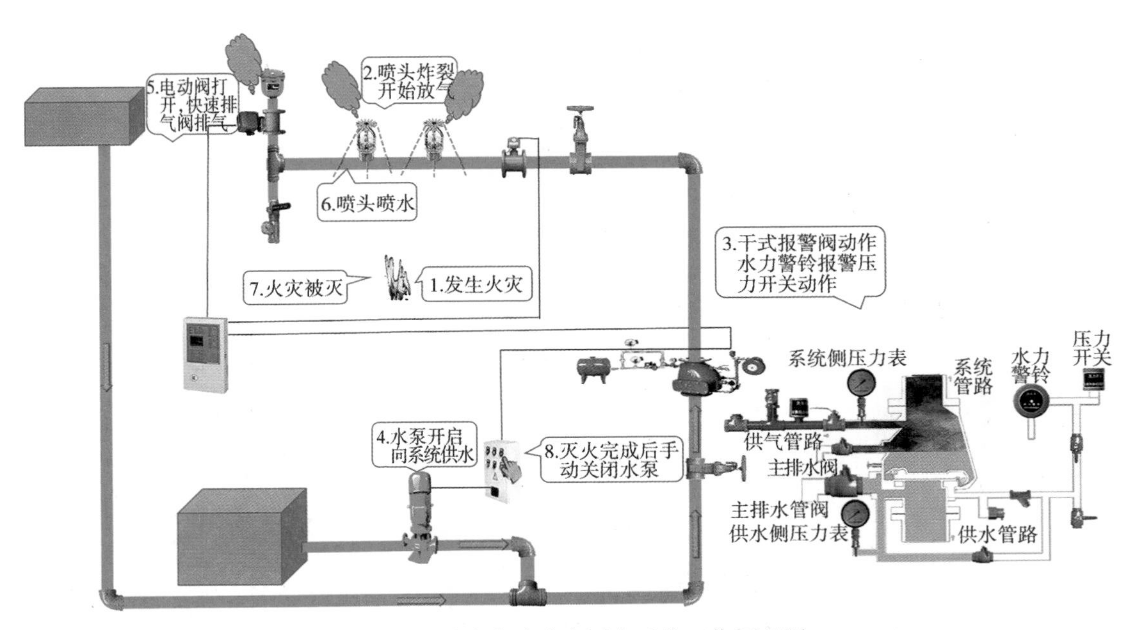

图 3-23　干式自动喷水灭火系统工作原理图

3. 预作用系统（采用报警阀压力开关启泵）

（1）处于准工作状态时严禁误喷的场所，宜采用仅有火灾自动报警系统的单连锁预作用系统，如图 3-24 所示。

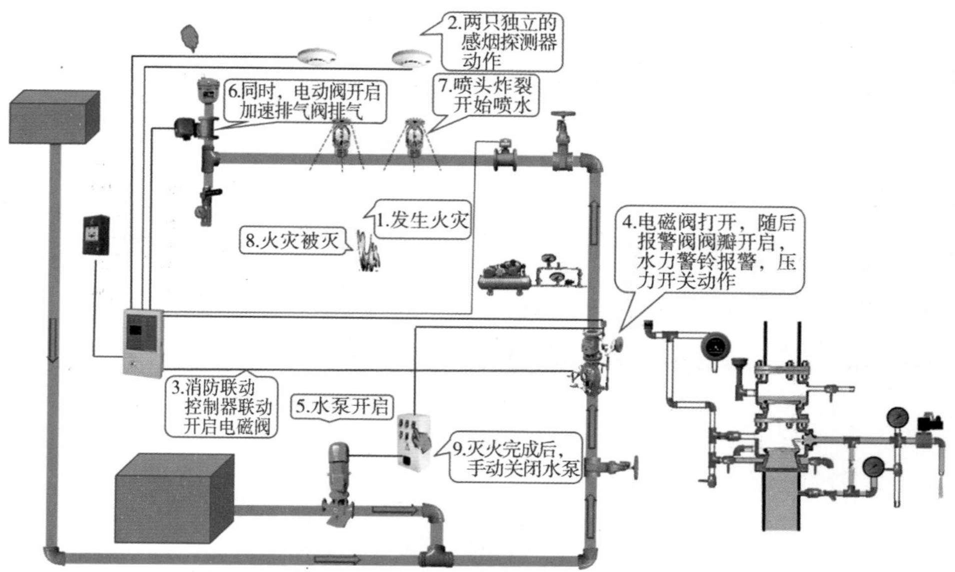

图 3-24　单连锁预作用自动喷水灭火系统工作原理图

（2）处于准工作状态时严禁管道充水的场所和用于替代干式系统的场所，宜由火灾自动报警系统和充气管道上设置的压力开关控制的双连锁预作用系统，如图 3-25 所示。

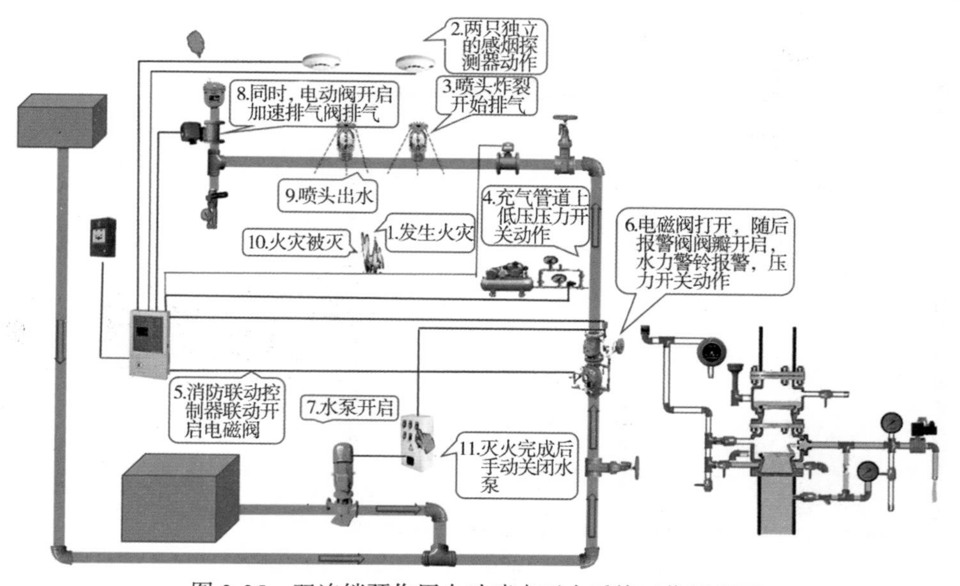

图 3-25　双连锁预作用自动喷水灭火系统工作原理图

4. 雨淋系统（采用报警阀压力开关启泵）

雨淋系统工作原理如图 3-26 所示。

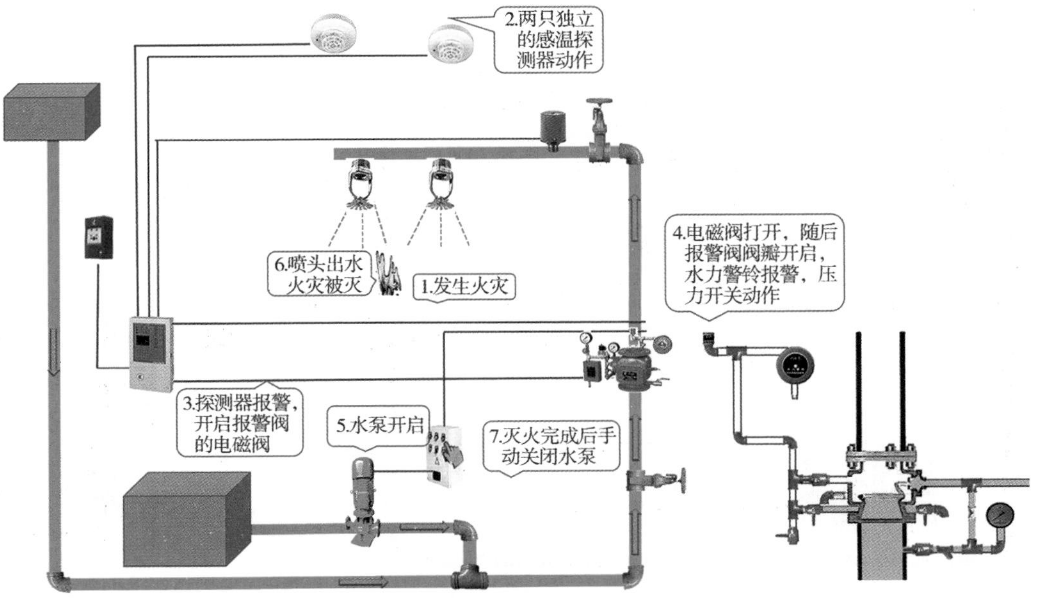

图 3-26 雨淋系统工作原理图

5. 水幕系统（采用报警阀压力开关启泵）

（1）用于防火分隔的水幕系统（图 3-27）。

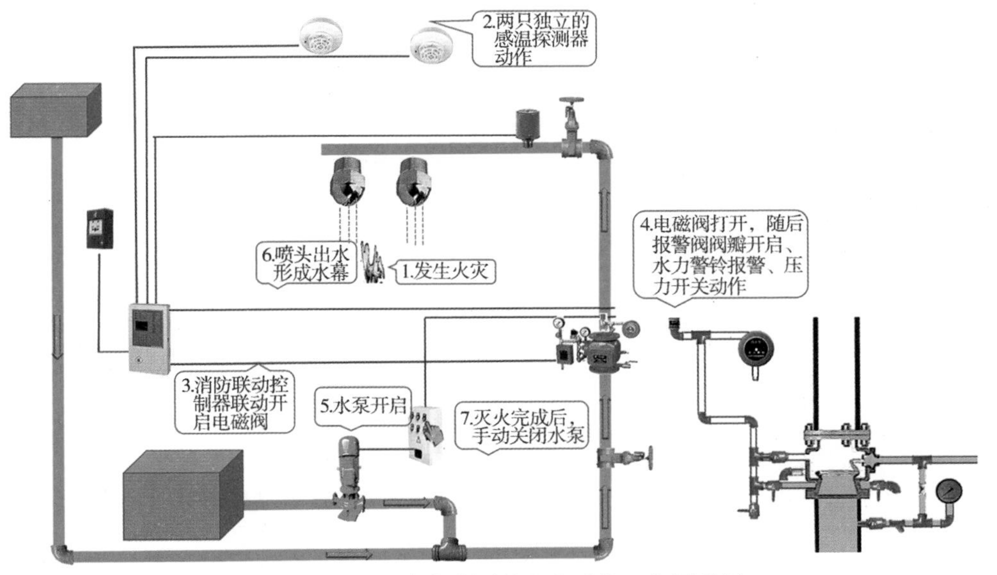

图 3-27 用于防火分隔的水幕系统工作原理图

（2）用于防火卷帘冷却的水幕系统（图 3-28）。

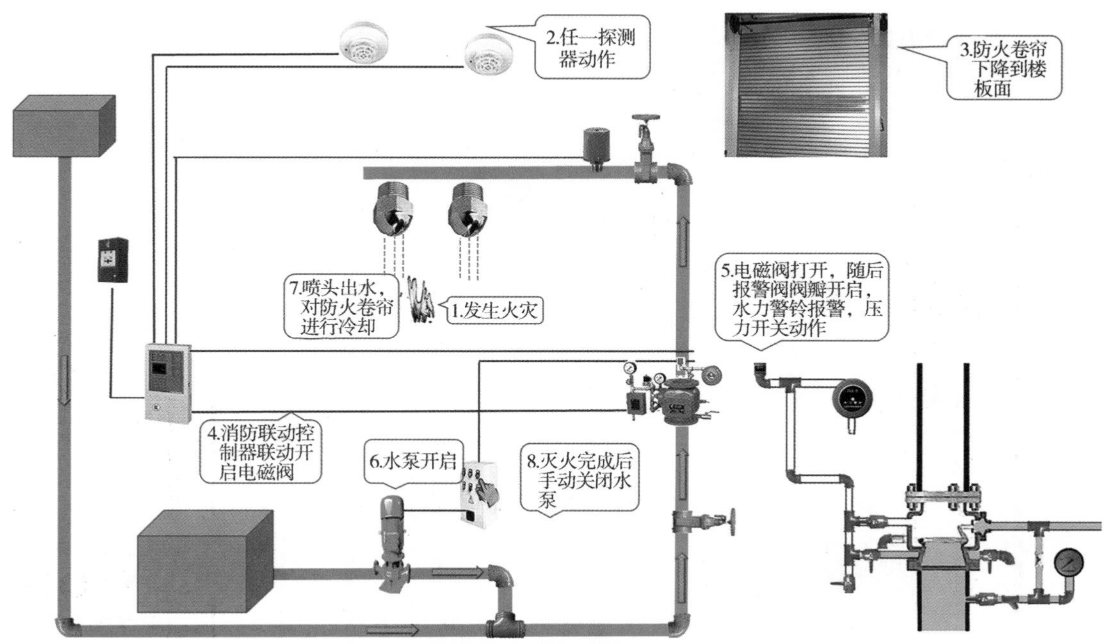

图 3-28　用于防火卷帘冷却的水幕系统工作原理图

四、火灾危险等级划分

自动喷水灭火系统设置场所的火灾危险等级举例（表 3-3）：

自动喷水灭火系统设置场所的火灾危险等级，共分为 4 类 8 级，即轻危险级、中危险级（Ⅰ、Ⅱ级）、严重危险级（Ⅰ、Ⅱ级）和仓库危险级（Ⅰ、Ⅱ、Ⅲ级）。

表 3-3　自动喷水灭火系统设置场所火灾危险等级举例

火灾危险等级		设置场所举例
轻危险级		住宅建筑、幼儿园、老年人建筑、建筑高度为 24m 及以下的旅馆、办公楼；仅在走道设置闭式系统的建筑等
中危险级	Ⅰ级	1）高层民用建筑：旅馆、办公楼、综合楼、邮政楼、金融电信楼、指挥调度楼、广播电视楼（塔）等 2）公共建筑（含单、多、高层）：医院、疗养院；图书馆（书库除外）、档案馆、展览馆（厅）；影剧院、音乐厅和礼堂（舞台除外）及其他娱乐场所；火车站、机场及码头的建筑；总建筑面积小于 5000m^2 的商场、总建筑面积小于 1000m^2 的地下商场等 3）文化遗产建筑：木结构古建筑、国家文物保护单位等 4）工业建筑：食品、家用电器、玻璃制品等工厂的备料与生产车间等；冷藏库、钢屋架等建筑构件
	Ⅱ级	1）民用建筑：书库、舞台（葡萄架除外）、汽车停车场（库）、总建筑面积为 5000m^2 及以上的商场、总建筑面积为 1000m^2 及以上的地下商场、净空高度不超过 8m、物品高度不超过 3.5m 的超级市场等 2）工业建筑：棉毛麻丝及化纤的纺织、织物及其制品，木材木器及胶合板，谷物加工，烟草及其制品，饮用酒（啤酒除外），皮革及其制品，造纸及纸制品，制药等工厂的备料与生产车间

（续）

火灾危险等级		设置场所举例
严重危险级	Ⅰ级	印刷厂，酒精制品、可燃液体制品等工厂的备料与车间，净空高度不超过 8m、物品高度超过 3.5m 的超级市场等
	Ⅱ级	易燃液体喷雾操作区域，固体易燃物品、可燃的气溶胶制品、溶剂清洗、喷涂油漆、沥青制品等工厂的备料及生产车间，摄影棚、舞台葡萄架下部
仓库危险级	Ⅰ级	食品、烟酒；木箱、纸箱包装的不燃、难燃物品等
	Ⅱ级	木材、纸、皮革、谷物及其制品，棉毛麻丝化纤及其制品，家用电器、电缆、B 组塑料与橡胶及其制品，钢塑混合材料制品，各种塑料瓶盒包装的不燃、难燃物品及各类物品混杂储存的仓库等
	Ⅲ级	A 组塑料与橡胶及其制品；沥青制品等

五、系统设计基本参数

1. 民用建筑和工业厂房的系统设计基本参数（表 3-4、图 2-29）

表 3-4　民用建筑和工业厂房采用湿式系统的设计基本参数

危险级别	净空高度 /m	喷水强度 / L [（min · m^2）]	作用面积 /m^2
轻危险级	≤ 8	4	160
中危险级Ⅰ级		6	
中危险级Ⅱ级		8	
严重危险级Ⅰ级		12	260
严重危险级Ⅱ级		16	

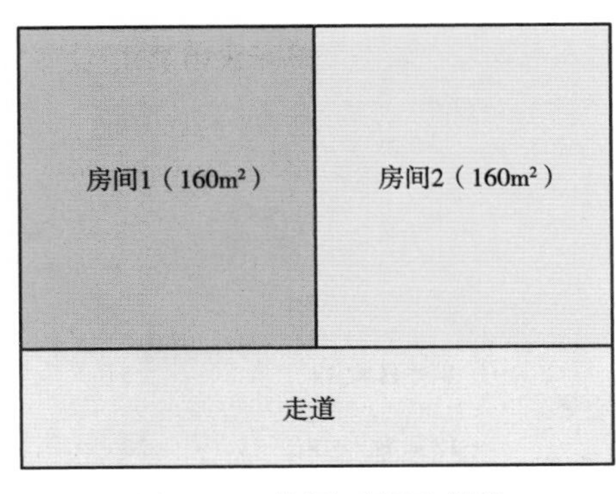

图 3-29　作用面积示意图

注：若房间 1（160m^2）、房间 2（160m^2）和走道均设置有自动喷水灭火系统，当火灾蔓延的面积超过了 160m^2（房间 1 或 2 的面积），自动喷水灭火系统将无法发挥灭火控火作用。

（1）在装有网格、栅板类通透性吊顶的场所，系统的喷水强度应按表3-4规定值的1.3倍确定（如镂空面积大于70%，喷头应设置在吊顶上方，如图3-30所示）。

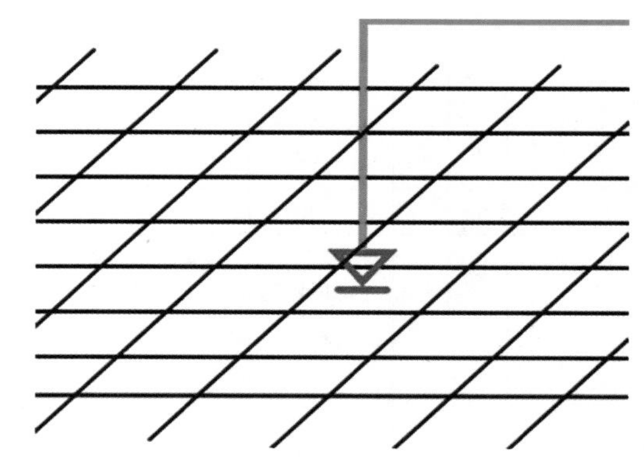

图3-30　喷头设置在格栅吊顶的上方

（2）干式系统的作用面积按表3-4规定值的1.3倍确定。

（3）由火灾自动报警系统和充气管道上设置的压力开关控制预作用装置时，预作用系统的作用面积按表3-4规定值的1.3倍确定。

（4）仅由火灾自动报警系统控制预作用装置时，预作用系统的作用面积按表3-4规定值确定。

（5）雨淋系统的喷水强度和作用面积应按表3-4规定值确定，且每个雨淋报警阀控制的喷水面积不宜大于表3-4规定值中的作用面积。

（6）仅在走道设置洒水喷头的闭式系统，其作用面积应按最大疏散距离所对应的走道面积确定。

（7）系统最不利点处喷头的工作压力不应低于0.05MPa。

2. 民用建筑和厂房高大空间场所的系统设计基本参数（表3-5）

表3-5　民用建筑和厂房高大空间场所采用湿式系统的设计基本参数

适用场所		净空高度/m	喷水强度/[L/(min·m²)]	作用面积/m²	喷头间距/m
民用建筑	中庭、体育馆、航站楼等	8＜H≤12	12	160	1.8≤S≤3.0
		12＜H≤18	15		
	影剧院、音乐厅、会展中心等	8＜H≤12	15		
		12＜H≤18	20		
厂房建筑	制衣制鞋、玩具、木器、电子生产车间等	8＜H≤12	15	160	1.8≤S≤3.0
	棉纺厂、麻纺厂、泡沫塑料生产车间等		20		

3. 采用防护冷却系统保护防火卷帘、防火玻璃墙等防火分隔设施

当采用防护冷却系统保护防火卷帘、防火玻璃墙等防火分隔设施时，系统应独立设置，且应符合下列要求：

（1）喷头设置高度不应超过8m；当设置高度为4~8m时，应采用快速响应洒水喷头。

（2）喷头设置高度不超过4m时，喷水强度不应小于0.5L/（s·m）；当超过4m时，每增加1m，喷水强度应增加0.1L/（s·m）。

（3）喷头的设置应确保喷洒到被保护对象后布水均匀，喷头间距应为1.8~2.4m；喷头溅水盘与防火分隔设施的水平距离不应大于0.3m，与顶板的距离应符合《自动喷水灭火系统设计规范》（GB 50084—2017）第7.1.15条的规定。

（4）持续喷水时间不应小于系统设置部位的耐火极限要求。

4. 局部应用系统

（1）局部应用系统应用于室内最大净空高度不超过8m的民用建筑中，为局部设置且保护区域总建筑面积不超过1000m^{2}的湿式系统。设置局部应用系统的场所应为轻危险级或中危险级Ⅰ级场所。

（2）局部应用系统应采用快速响应洒水喷头，喷水强度应符合表3-4的规定，持续喷水时间不应低于0.5h。

（3）局部应用系统保护区域内的房间和走道均应布置喷头。喷头的选型、布置和按开放喷头数确定的作用面积应符合下列规定：

1）采用标准覆盖面积洒水喷头的系统，喷头布置应符合轻危险级或中危险级Ⅰ级场所的有关规定，作用面积内开放的喷头数量应符合表3-6的规定。

表3-6　采用标准覆盖面积洒水喷头时作用面积内开放喷头数量

保护区域总建筑面积和最大厅室建筑面积	开放喷头数量
保护区域总建筑面积超过300m^{2}或最大厅室建筑面积超过200m^2	10只
保护区域总建筑面积不超过300m^2	最大厅室喷头数+2只 当少于5只时，取5只；当多于8只时，取8只

2）采用扩大覆盖面积洒水喷头的系统，喷头布置应符合《自动喷水灭火系统设计规范》（GB 50084—2017）第7.1.2条（表3-9）的规定。作用面积内开放喷头数量应

按不少于 6 只确定。

（4）采用标准覆盖面积洒水喷头且喷头总数不超过 20 只，或采用扩大覆盖面积洒水喷头且喷头总数不超过 12 只的局部应用系统，可不设报警阀组。

（5）不设报警阀组的局部应用系统，配水管可与室内消防竖管连接，其配水管的入口处应设过滤器和带有锁定装置的控制阀。

（6）不设报警阀组或采用消防水泵直接从市政供水管吸水的局部应用系统，应采取压力开关联动消防水泵的控制方式。不设报警阀组的系统可采用电动警铃报警。

六、系统主要组件的设置要求

1. 洒水喷头

（1）喷头选型（表 3-7、图 3-31）。

表 3-7　喷头选型

自喷系统	不同场合	喷头类型
湿式系统	无吊顶的场所，配水支管布置在梁下时	直立型喷头（图 3-31a）
	吊顶下布置	下垂型喷头或吊顶型喷头（图 3-31b）
	顶板为水平面的轻危险级、中危险级Ⅰ级住宅建筑、宿舍、旅馆建筑客房、医疗建筑病房和办公室	边墙型喷头（图 3-31c）
	易受碰撞的部位	带保护罩的喷头或吊顶型喷头
	顶板为水平面，且无梁、通风管道等障碍物影响喷头洒水的场所	可采用扩大覆盖面积洒水喷头
湿式系统	住宅建筑和宿舍、公寓等非住宅类居住建筑	家用喷头
	不宜选用隐蔽式洒水喷头；确需采用时，应仅适用于轻危险级和中危险级Ⅰ级场所	
干式或预作用系统	干式下垂型喷头或直立型喷头	
水幕系统	防火分隔水幕	开式洒水喷头或水幕喷头
	防护冷却水幕	水幕喷头
自动喷水防护冷却系统	可采用边墙型喷头	
雨淋系统的防护区内	应采用相同的洒水喷头	
闭式系统	公称动作温度宜高于环境最高温度 30℃	
公共娱乐场所、中庭环廊；医院、疗养院的病房及治疗区域，老年、少儿、残疾人的集体活动场所；超出消防水泵接合器供水高度的楼层；地下商业场所		宜采用快速响应洒水喷头。当采用快速响应洒水喷头时，系统应为湿式系统

a）

b）

c）

图 3-31　喷头选型

a）设置直立型喷头的场所　b）设置下垂型喷头的场所　c）设置水平边墙型喷头的场所

（2）喷头设置要求。

1）直立型、下垂型标准覆盖面积洒水喷头的布置，包括同一根配水支管上喷头的间距及相邻配水支管的间距，应根据系统设置场所的火灾危险等级、喷头类型和工作压力确定，并应符合表 3-8 规定，且不应小于 1.8m。喷头布置形式如图 3-32 所示。

表 3-8　直立型、下垂型标准覆盖面积洒水喷头的布置

火灾危险等级	正方形布置的边长 /m	矩形或平行四边形布置的长边边长 /m	一只喷头的最大保护面积 /m²	喷头与端墙的距离 /m	
				最大	最小
轻危险级	4.4	4.5	20.0	2.2	0.1
中危险级 Ⅰ 级	3.6	4.0	12.5	1.8	
中危险级 Ⅱ 级	3.4	3.6	11.5	1.7	
严重危险级、仓库危险级	3.0	3.6	9.0	1.5	

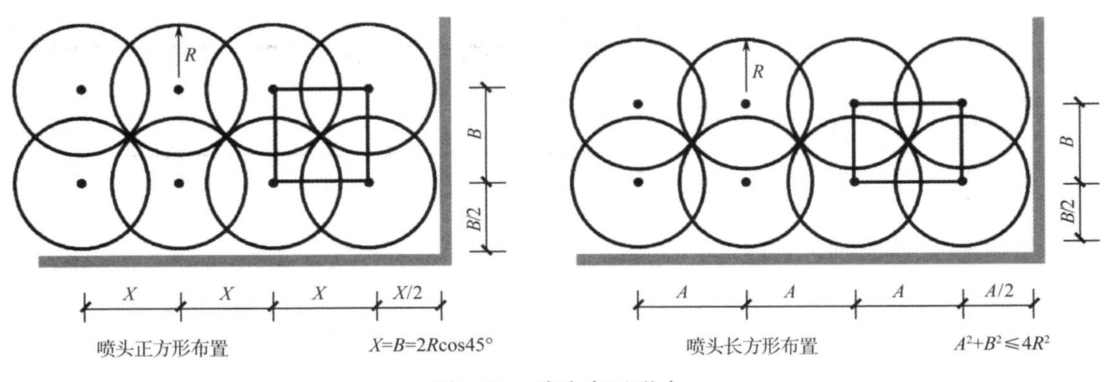

图 3-32　喷头布置形式

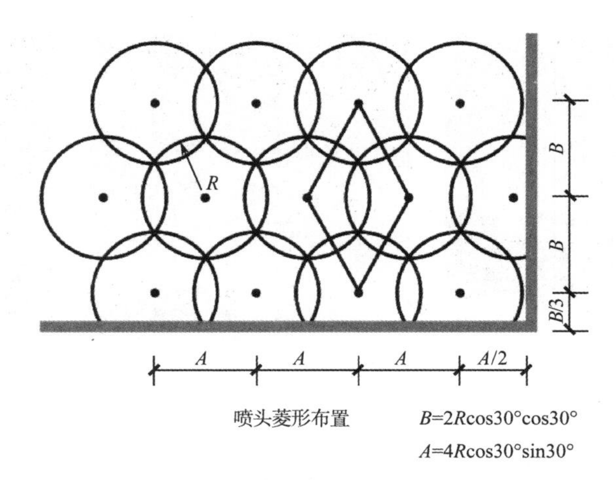

图 3-32　喷头布置形式（续）

2）直立型、下垂型扩大覆盖面积洒水喷头应采用正方形布置，其布置间距不应大于表 3-9 的规定，且不应小于 2.4m。

表 3-9　直立型、下垂型扩大覆盖面积洒水喷头的布置间距

火灾危险等级	正方形布置的边长 /m	一只喷头的最大保护面积 /m^2	喷头与端墙的距离 /m	
			最大	最小
轻危险级	5.4	29.0	2.7	0.1
中危险级 I 级	4.8	23.0	2.4	
中危险级 II 级	4.2	17.5	2.1	
严重危险级、仓库危险级	3.6	13.0	1.8	

3）除吊顶型洒水喷头及吊顶下设置的洒水喷头外，直立型、下垂型标准覆盖面积洒水喷头和扩大覆盖面积洒水喷头溅水盘与顶板的距离应为 75~150mm（图 3-33）。

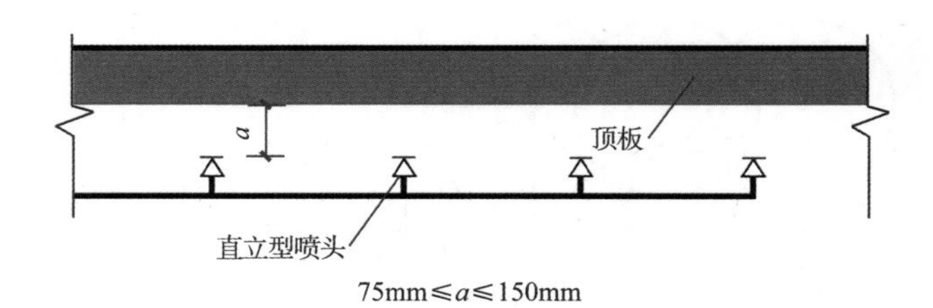

图 3-33　溅水盘与顶板距离要求示意图

4）当在梁或其他障碍物底面下方的平面上布置洒水喷头时，溅水盘与顶板的距离不应大于300mm，同时溅水盘与梁等障碍物底面的垂直距离应为25~100mm（图3-34）。

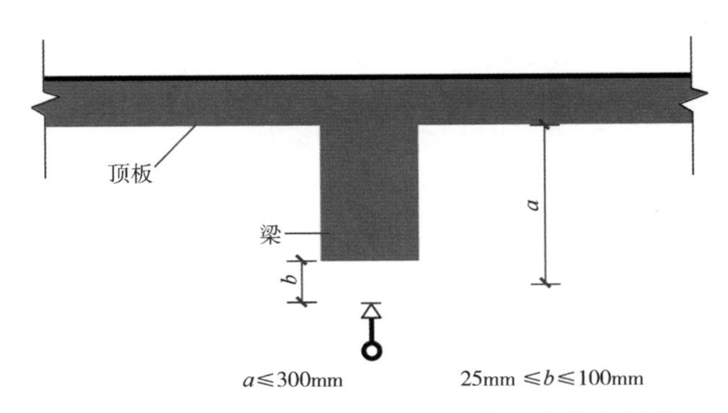

图3-34　在梁等障碍物底面下方布置喷头示意图

5）当在梁间布置洒水喷头时，洒水喷头与梁的距离应符合相关规定。确有困难时，溅水盘与顶板的距离不应大于550mm(图3-35）。梁间布置的洒水喷头，溅水盘与顶板距离达到550mm仍不能符合相关规定时，应在梁底面的下方增设洒水喷头。

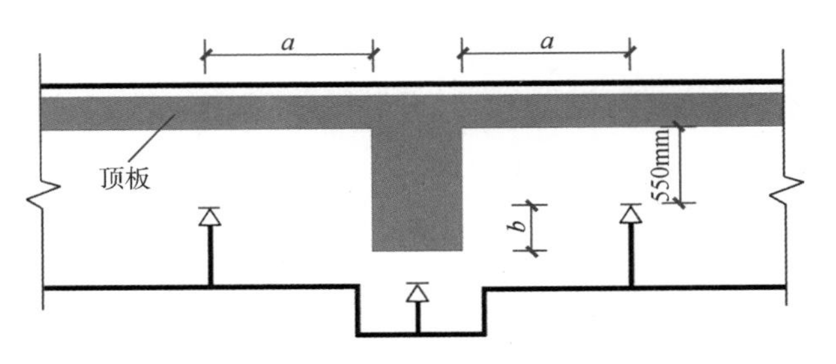

图3-35　梁间布置洒水喷头示意图

6）密肋梁板下方的洒水喷头，溅水盘与密肋梁板底面的垂直距离应为25~100mm。

7）无吊顶的梁间洒水喷头布置可采用不等距方式。

8）装设网格、栅板类通透性吊顶的场所，当通透面积占吊顶总面积的比例大于70%时，喷头应设置在吊顶上方。

2. 报警阀组

报警阀组技术要求见表 3-10。

表 3-10　报警阀组技术要求

个数确定	（1）自动喷水灭火系统应设报警阀组。保护室内钢屋架等建筑构件的闭式系统，应设独立的报警阀组。水幕系统应设独立的报警阀组或感温雨淋报警阀 （2）串联接入湿式系统配水干管的其他自动喷水灭火系统，应分别设置独立的报警阀组，其控制的洒水喷头数计入湿式报警阀组控制的洒水喷头总数 （3）一个报警阀组控制的洒水喷头数应符合下列规定： 1）湿式系统、预作用系统不宜超过 800 只；干式系统不宜超过 500 只（图 3-36） 2）当配水支管同时设置保护吊顶下方和上方空间的洒水喷头时，应只将数量较多一侧的洒水喷头计入报警阀组控制的洒水喷头总数 （4）每个报警阀组供水的最高与最低位置洒水喷头，其高程差不宜大于 50m
设置要求	（1）雨淋报警阀组的电磁阀，其入口应设过滤器。并联设置雨淋报警阀组的雨淋系统，其雨淋报警阀控制腔的入口应设止回阀 （2）报警阀组宜设在安全及易于操作的地点，报警阀距地面的高度宜为 1.2m。设置报警阀组的部位应设有排水设施 （3）连接报警阀进出口的控制阀应采用信号阀。当不采用信号阀时，控制阀应设锁定阀位的锁具
水力警铃	水力警铃的工作压力不应小于 0.05MPa，并应符合下列规定： （1）应设在有人值班的地点附近或公共通道的外墙上 （2）与报警阀连接的管道，其管径应为 20mm，总长不宜大于 20m

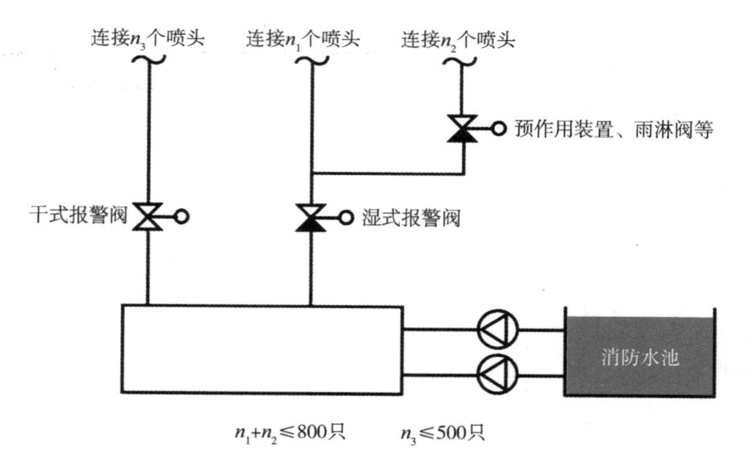

图 3-36　报警阀控制喷头示意图

3. 水流指示器

水流指示器技术要求见表 3-11。

表 3-11　水流指示器技术要求

个数确定	（1）除报警阀组控制的洒水喷头只保护不超过防火分区面积的同层场所外，每个防火分区、每个楼层均应设水流指示器（图 3-37） （2）仓库内顶板下洒水喷头与货架内置洒水喷头应分别设置水流指示器
一般要求	当水流指示器入口前设置控制阀时，应采用信号阀，与水流指示器之间的距离不宜小于 300mm

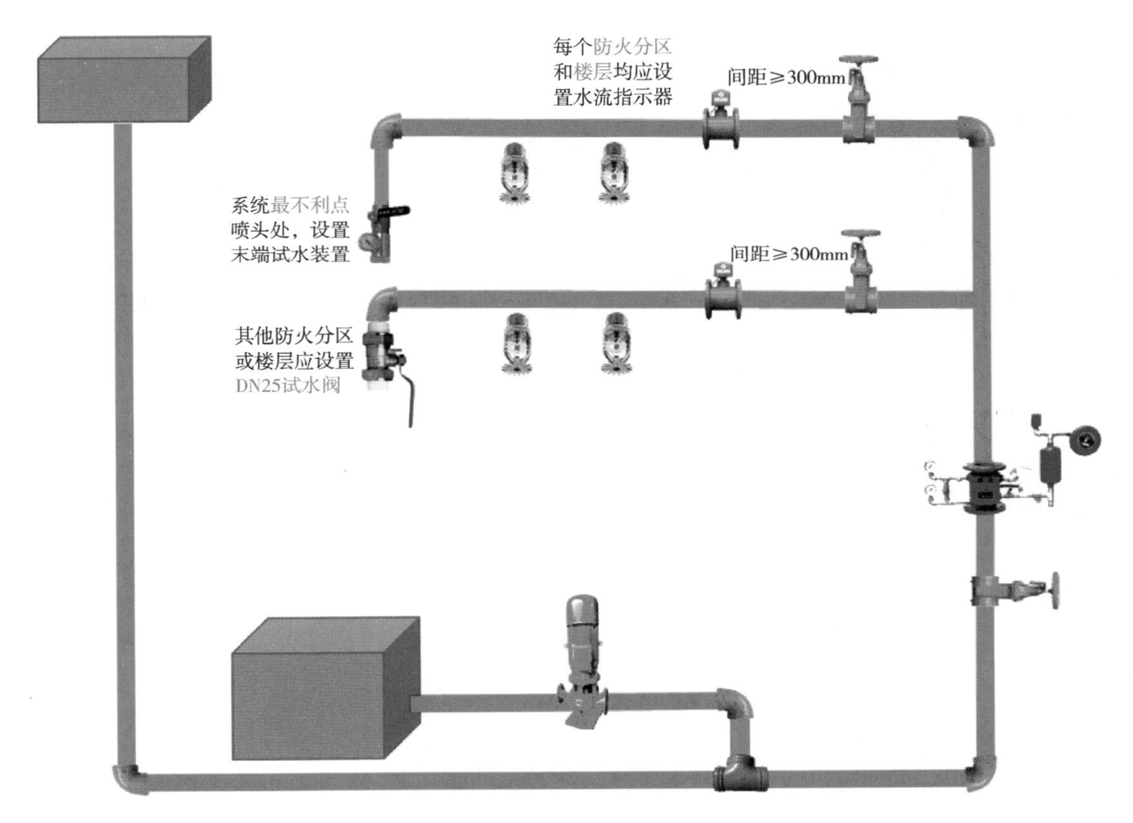

图 3-37　末端试水装置和水流指示器设置要求示意图

4. 压力开关（表 3-12）

表 3-12　压力开关技术要求

作为报警信号	雨淋系统和防火分隔水幕，其水流报警装置应采用压力开关
作为启泵信号	（1）消防水泵应由消防水泵出水干管上设置的压力开关、高位消防水箱出水管上的流量开关和报警阀压力开关信号均能直接自动启动消防水泵 （2）自动喷水灭火系统应采用压力开关控制稳压泵，并应能调节启停压力

5. 末端试水装置

末端试水装置技术要求见表 3-13。

表 3-13　末端试水装置技术要求

个数确定	每个报警阀组控制的最不利点洒水喷头处应设末端试水装置，其他防火分区、楼层均应设直径为 25mm 的试水阀
基本组成	末端试水装置应由试水阀、压力表以及试水接头组成（图 3-38）
一般要求	（1）试水接头出水口的流量系数，应等同于同楼层或防火分区内的最小流量系数洒水喷头。末端试水装置的出水，应采取孔口出流的方式排入排水管道，排水立管宜设伸顶通气管，且管径不应小于 75mm （2）末端试水装置和试水阀应有标识，距地面的高度宜为 1.5m，并应采取不被他用的措施

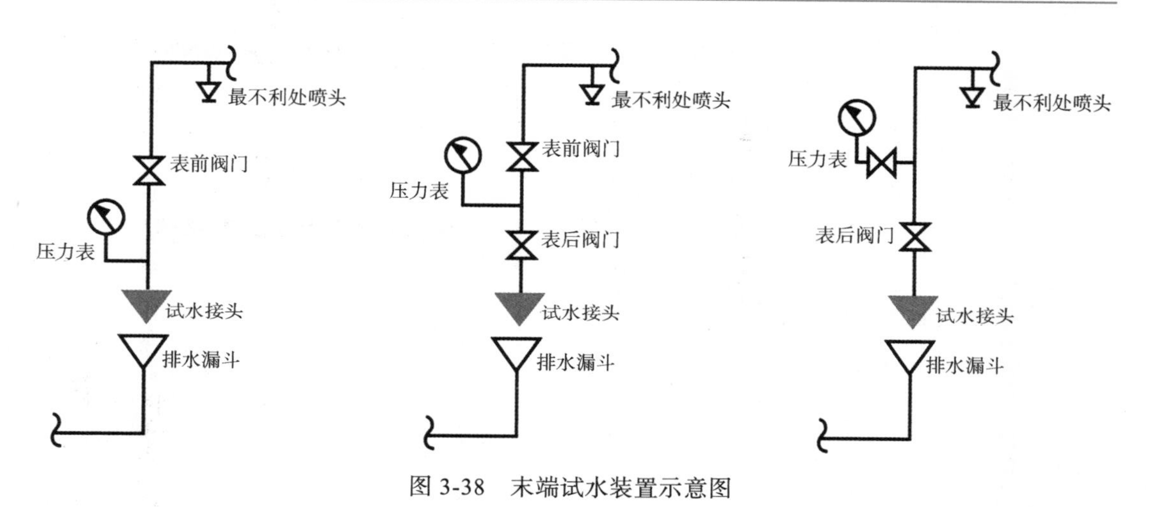

图 3-38　末端试水装置示意图

第四部分

气体灭火系统

一、气体灭火系统的介绍

二、气体灭火系统的分类

三、系统联动控制原理

四、组合分配气体灭火系统组件

五、系统的适用范围

六、系统的设计参数及系统组件设置要求

七、系统的操作与控制

一、气体灭火系统的介绍

气体灭火系统（图 4-1）是以一种或多种气体作为灭火介质，在规定时间内把一定量的气体喷射到整个防护区内或保护对象，进而实现灭火的固定式灭火系统。气体灭火系统具有灭火效率高、灭火速度快、保护对象无污损等优点。气体灭火系统一般根据灭火介质命名，目前比较常用的气体灭火系统有二氧化碳灭火系统、七氟丙烷灭火系统、IG-541 混合气体灭火系统等几种。

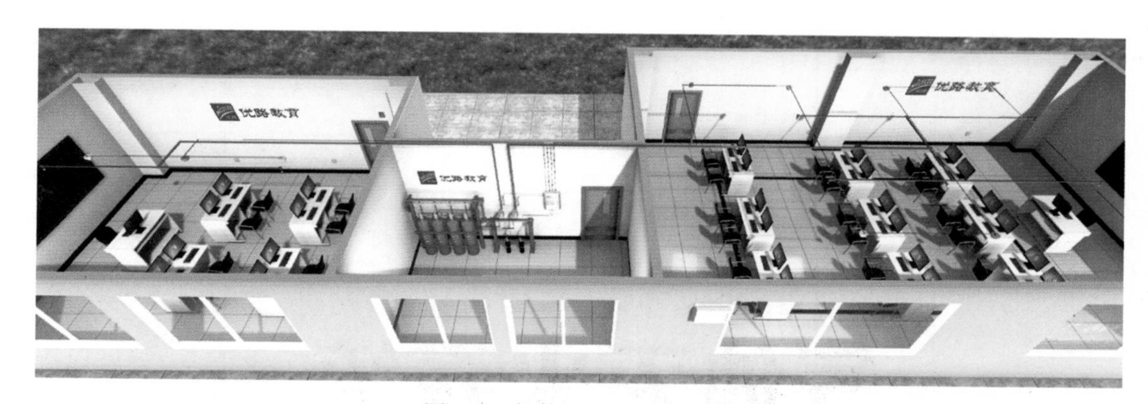

图 4-1 气体灭火系统示意图

二、气体灭火系统的分类

气体灭火系统可以按照使用的灭火剂、系统的结构特点、应用方式、加压方式进行分类（图 4-2）。

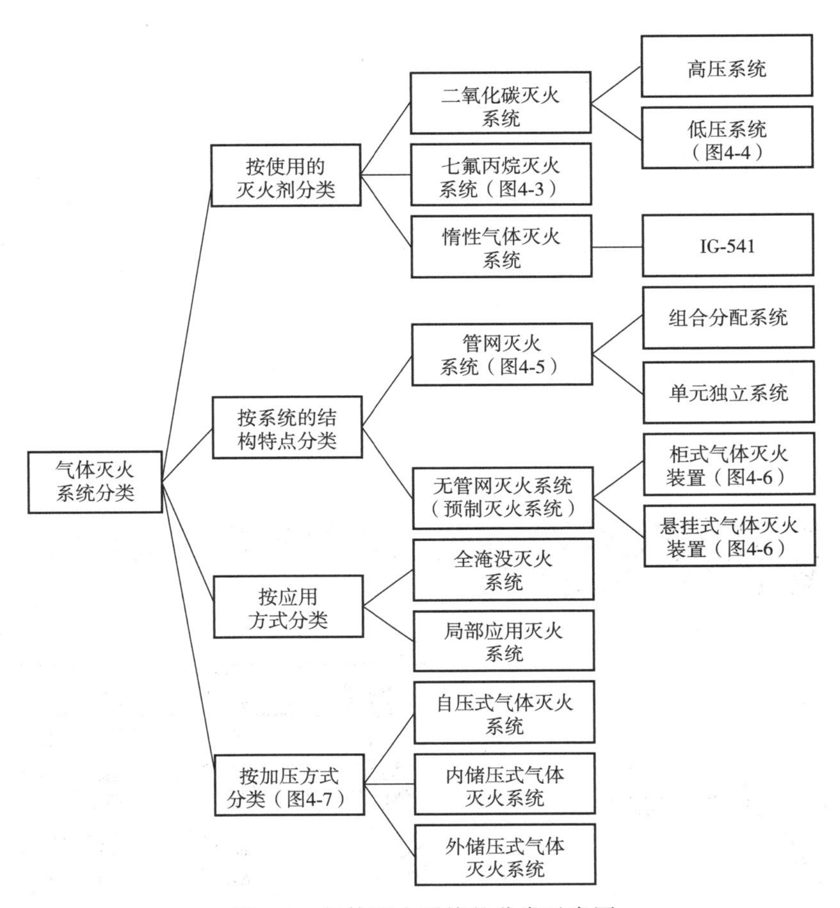

图 4-2　气体灭火系统的分类示意图

图 4-3　按使用的灭火剂分类——七氟丙烷灭火系统

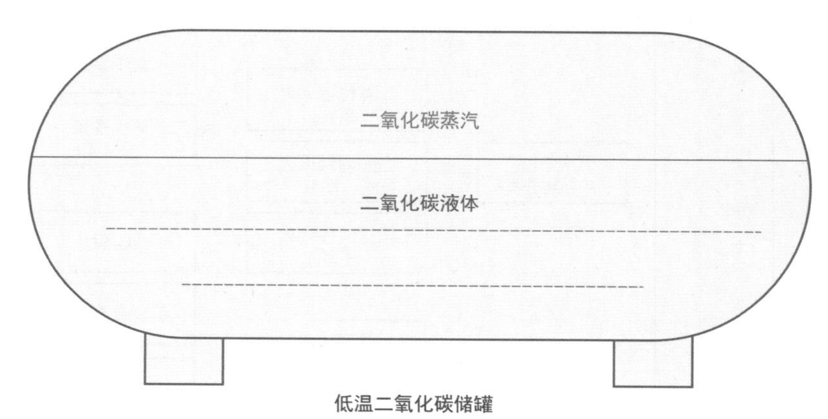

图 4-4　按使用的灭火剂分类——低压二氧化碳灭火系统

图 4-5　按系统的结构特点分类——管网灭火系统

图 4-6　按系统的结构特点分类——预制灭火系统——柜式气体灭火装置和悬挂式气体灭火装置

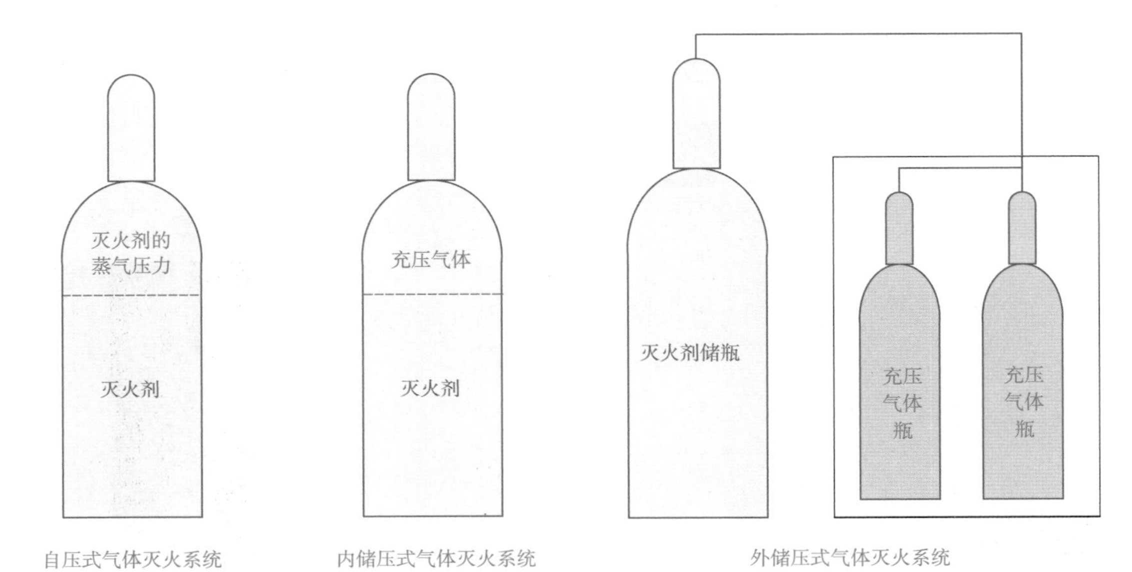

图 4-7　按照加压方式分类——自压式气体灭火系统、内储压式气体灭火系统、外储压式气体灭火系统

三、系统联动控制原理

1. 预制七氟丙烷气体灭火系统

当防护区发生火灾时，产生的烟雾、高温和光辐射使感烟、感温、感光等探测器探测到火灾信号，探测器将火灾信号转变为电信号传送到气体灭火控制器（图 4-8），控制器自动发出声光报警并经逻辑判断后，启动联动装置，经过一段时间延时，发出系统启动信号，打开启动气瓶的电磁阀，灭火剂经连接管到达喷嘴进行喷放灭火，同时安装在管道上的压力开关动作，将信号传送到控制器，由控制器启动防护区外的释放警示灯和警铃。

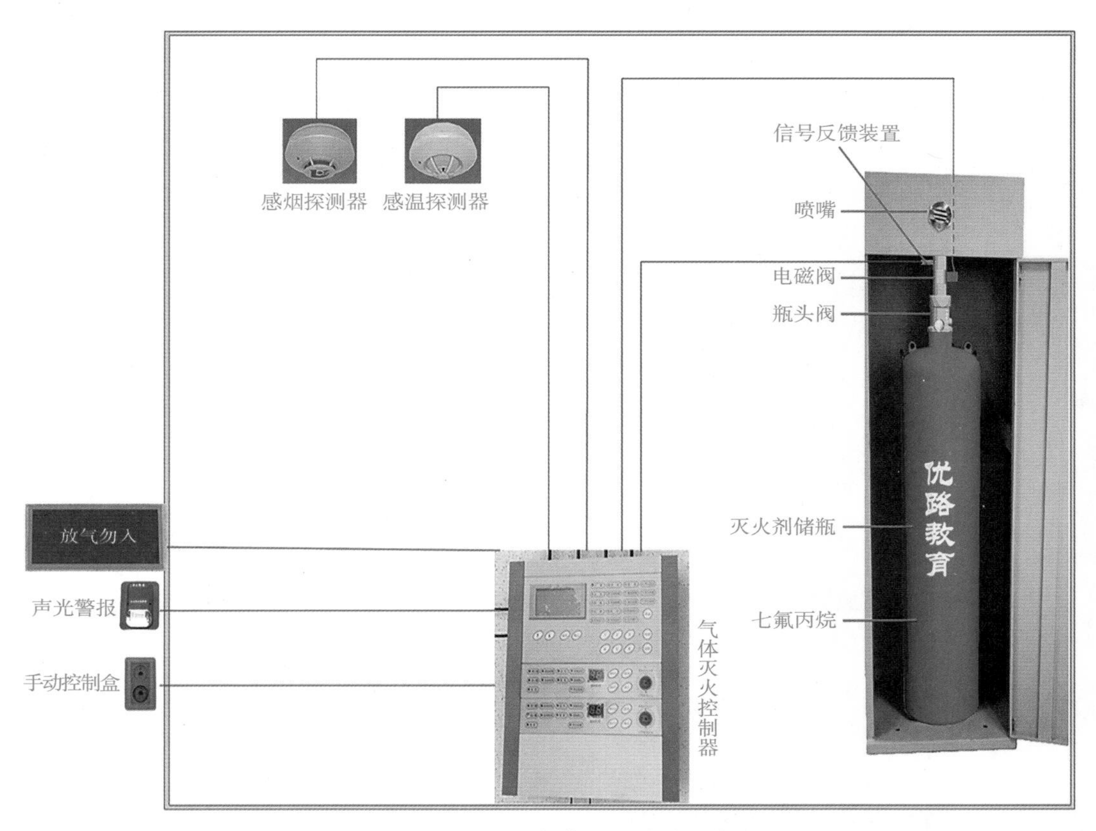

图 4-8　预制七氟丙烷气体灭火系统工作原理图

2. 组合分配式七氟丙烷气体灭火系统

（1）**原理**。当防护区发生火灾时，产生的烟雾、高温和光辐射使感烟、感温、感光等探测器探测到火灾信号，探测器将火灾信号转变为电信号传送到气体灭火控制器（图 4-9），控制器自动发出声光报警并经逻辑判断后，启动联动装置，经过一段时间延时，发出系统启动信号，打开启动气体瓶组上的容器阀，释放启动气体，打开通向发生火灾的防护区的选择阀，同时打开灭火剂瓶组的容器阀，各瓶组的灭火剂经连接管汇集到集流管，通过选择阀到达安装在防护区内的喷嘴进行喷放灭火，同时安装在管道上的压力开关动作，将信号传送到控制器，由控制器启动防护区外的释放警示灯和警铃。

另外，通过压力开关监测系统是否正常工作，若启动指令发出，而压力开关的信号未反馈，则说明系统存在故障，值班人员应在听到事故报警后尽快到储瓶间，进行机械应急启动操作，实施人工启动灭火。

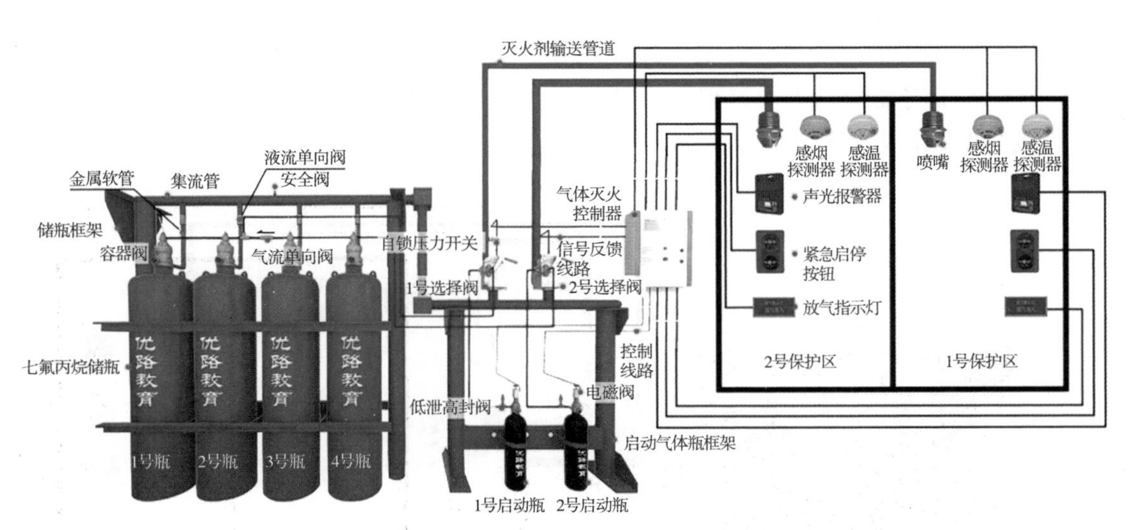

图 4-9　组合分配式七氟丙烷气体灭火系统工作原理图

（2）**系统控制方式。**气体灭火系统具体控制流程如图 4-10 所示。

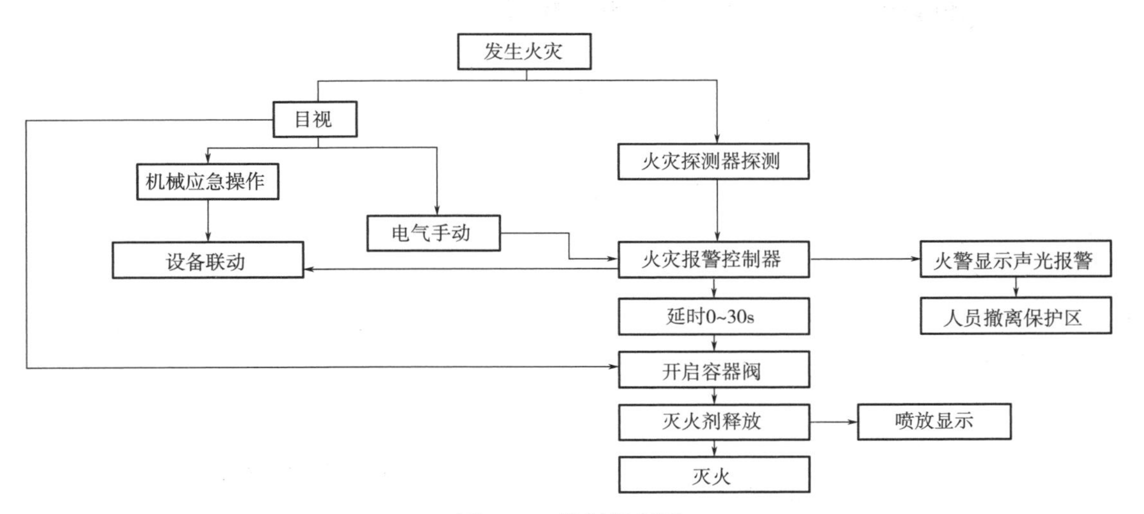

图 4-10　控制流程图

1）**自动控制方式。**灭火控制器配有感烟火灾探测器和感温火灾探测器（图 4-11）。控制器上有控制方式选择锁，当将其置于“自动”位置时，灭火控制器处于自动控制状态。当只有一种探测器发出火灾信号时，控制器即发出火灾声光警报信号，通知有异常情况发生，而不启动灭火装置释放灭火剂。如确需启动灭火装置灭火时，可按下“紧急启动按钮”，即可启动灭火装置释放灭火剂，实施灭火。当两种探测器同时发出火灾信号时，控制器发出火灾声光信号，通知有火灾发生，有关人员应撤离现场，并发出联动指令，关闭风机、防火阀等联动设备，经过一段时间延时后，即发出灭火指令，打开电磁阀，喷放气体打开容器阀，释放灭火剂，实施灭火；如在报警过程中发现不需要启动灭火装置，可按下保护区外或控制操作面板上的“紧急停止按钮”，即可终止灭火指令的发出。

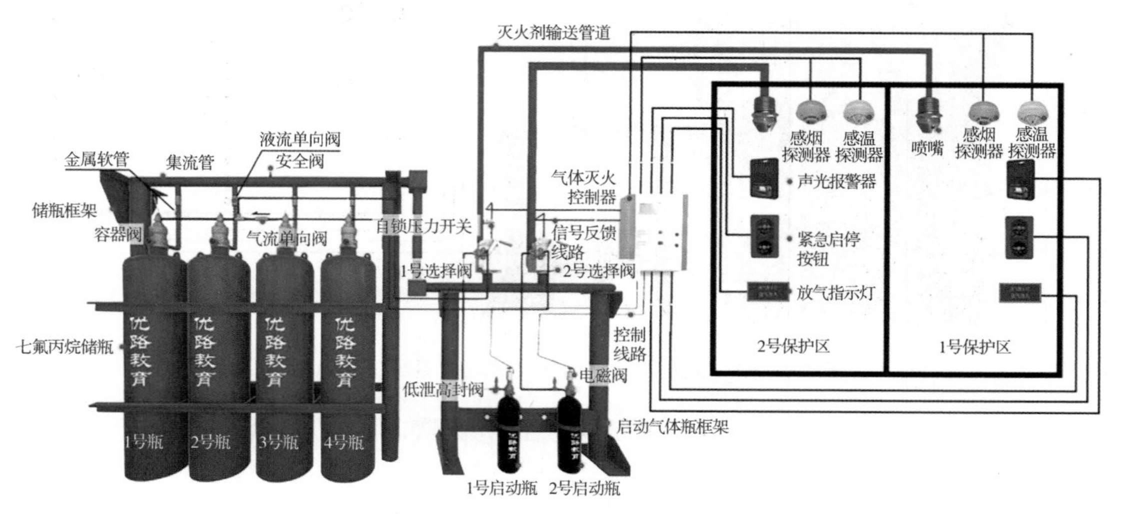

图 4-11　组合分配式七氟丙烷气体灭火系统工作原理图

2）**手动控制方式**。将控制器上的控制方式选择锁置于“手动”位置时，灭火控制器处于手动控制状态。这时，当火灾探测器发出火警信号时，控制器即发出火灾声光报警信号，而不启动灭火装置，需经人员观察，确认火灾已发生时，可按下保护区外或控制器操作面板上的“紧急启动 / 停止按钮”（图 4-12），即可启动灭火装置，释放灭火剂，实施灭火。但报警信号仍存在。无论装置处于自动或手动状态，按下任何紧急启动按钮，都可启动灭火装置，释放灭火剂，实施灭火，同时控制器立即进入灭火报警状态。

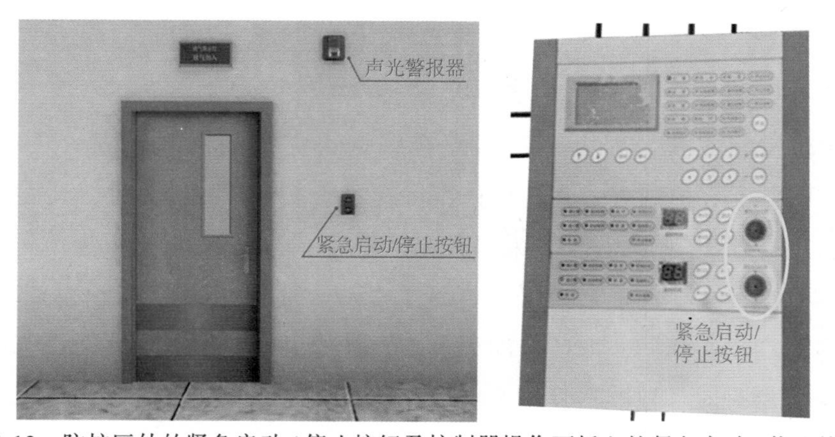

图 4-12　防护区外的紧急启动 / 停止按钮及控制器操作面板上的紧急启动 / 停止按钮

3）**应急机械启动工作方式。**当保护区发生火情，而控制器故障不能发出灭火指令时，应通知有关人员撤离现场，关闭联动设备并切断电源，然后拔出相应电磁阀上的安全插销，操作手柄即可打开电磁阀，释放启动气体。启动气体打开选择阀、容器阀、释放灭火剂，实施灭火。

在控制器失效且值守人员判断为火灾时，应立即通知现场所有人员撤离，在确定所有人员撤离现场后，方可按以下步骤实施应急机械启动：手动关闭联动设备并切断电源；打开对应保护区选择阀；成组或逐个打开对应保护区储瓶组上的容器阀，即刻实施灭火（图 4-13）。

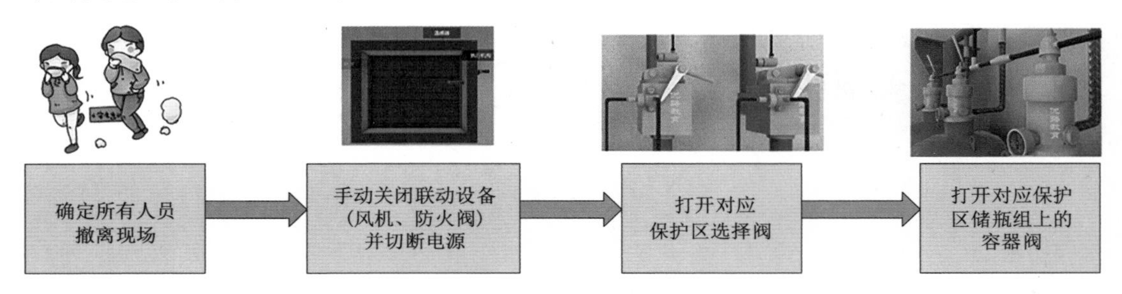

图 4-13　控制器失效时应急机械启动流程示意图

四、组合分配气体灭火系统组件

1. 瓶组

瓶组一般由容器、容器阀、安全泄放装置、取样口、检漏装置、虹吸管和充装介质等组成，用于储存灭火剂和控制灭火剂的释放（图 4-14）。

图 4-14　灭火剂瓶组示意图

容器是用来储存灭火剂和启动气体的重要组件，分为钢质无缝容器和钢质焊接容器。

容器阀（图 4-15）又称瓶头阀，安装在容器上，具有封存、释放、充装、超压泄放（部分结构）等功能。

容器阀按用途可分为灭火剂瓶组用容器阀和启动气体瓶组用容器阀两类；按启动方式可分为气动启动型、电磁启动型、手动启动型、机械启动型等类型。

图 4-15 容器阀示意图

2. 启动管路

输送启动气体的管道（图 4-16），宜采用铜管，其质量应符合现行国家标准《铜及铜合金拉制管》（GB/T 1527）的规定。

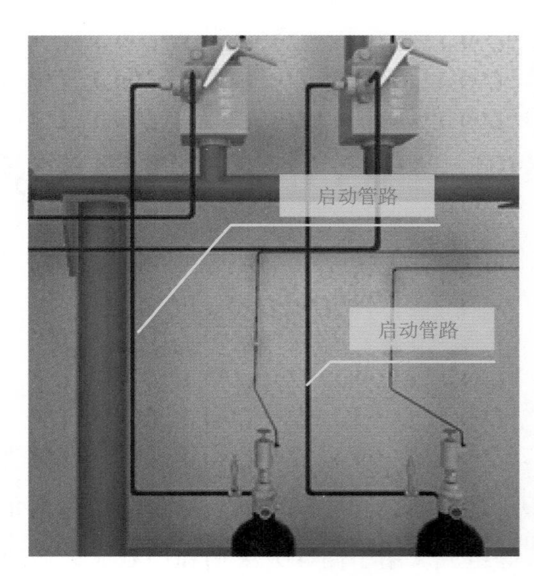

图 4-16 启动管路示意图

3. 低泄高封阀

低泄高封阀安装在系统启动管路上，正常情况下处于开启状态，用来排除由于气源泄漏而积聚在启动管路内的气体，只有进口压力达到设定压力时才关闭（图 4-17）。

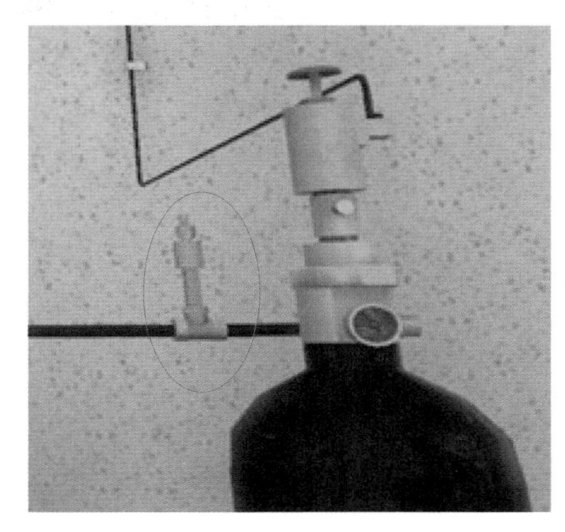
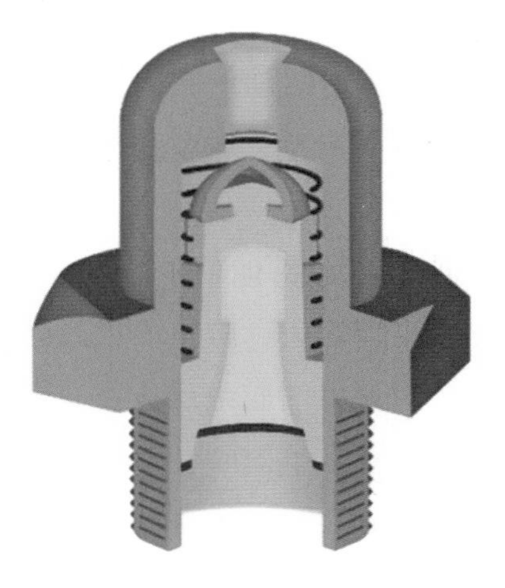

图 4-17　低泄高封阀安装位置示意图及剖面图

4. 选择阀

选择阀（图 4-18）是在组合分配系统中，用于控制灭火剂经管网释放到预定防护区或保护对象的阀门，选择阀设置应和防护区一一对应。

选择阀可分为活塞式、球阀式、电磁启动型、气动启动型等类型。

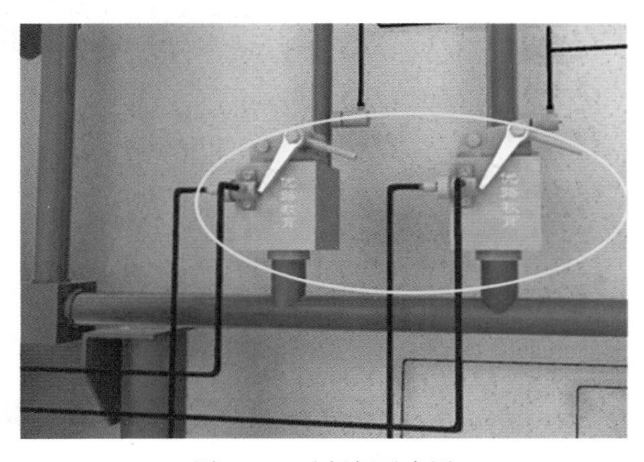

图 4-18　选择阀示意图

5. 单向阀

单向阀（图 4-19）按安装在管路中的位置可分为灭火剂流通管路单向阀和启动气体控制管路单向阀；按阀体内活动的密封部件形式可分为滑块型、球型和阀瓣型。

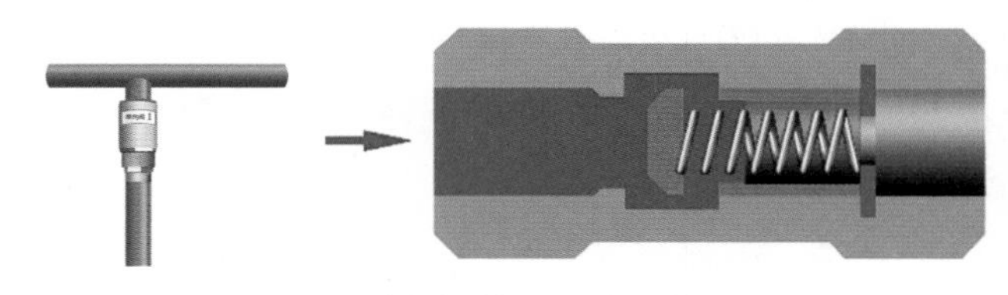
图 4-19　单向阀外观图及工作原理图

灭火剂流通管路单向阀装于连接管与集流管之间，防止灭火剂从集流管向灭火剂瓶组反流。启动气体控制管路单向阀装于启动管路上，用来控制气体流动方向，启动特定的阀门。

6. 连接管

连接管（图 4-20）可分为容器阀与集流管之间的连接管和控制管路连接管。容器阀与集流管之间的连接管按材料分为高压不锈钢连接管和高压橡胶连接管。

图 4-20　高压不锈钢连接管及安装位置示意图

7. 集流管

集流管（图 4-21）是将多个灭火剂瓶组的灭火剂汇集在一起，再分配到各防护区的汇流管路。

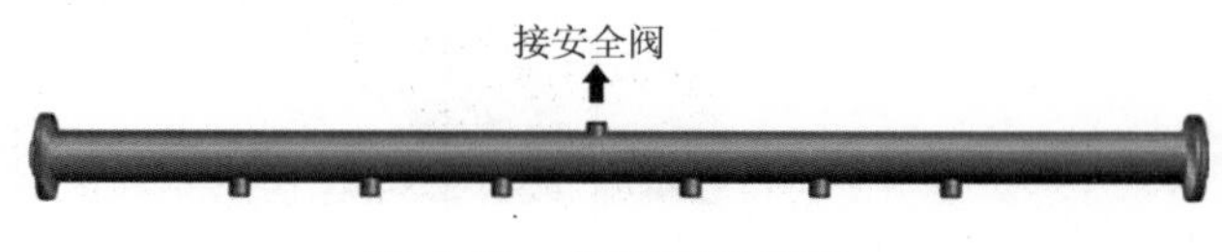

图 4-21　集流管示意图

8. 安全泄压装置

安全泄压装置（图 4-22）可分为灭火剂瓶组安全泄压装置、启动气体瓶组安全泄压装置和集流管安全泄压装置。

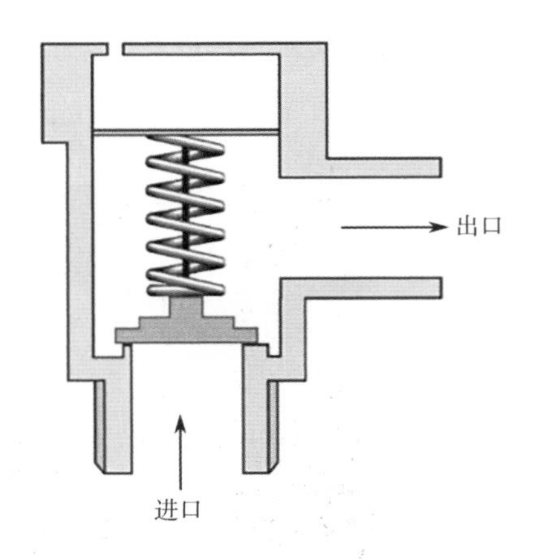

图 4-22 安全泄压装置工作原理图

9. 信号反馈装置

信号反馈装置（图 4-23）是安装在灭火剂释放管路或选择阀上，将灭火剂释放的压力或流量信号转换为电信号，并反馈到控制中心的装置。常见的是把压力信号转换为电信号的信号反馈装置，一般也称为压力开关。

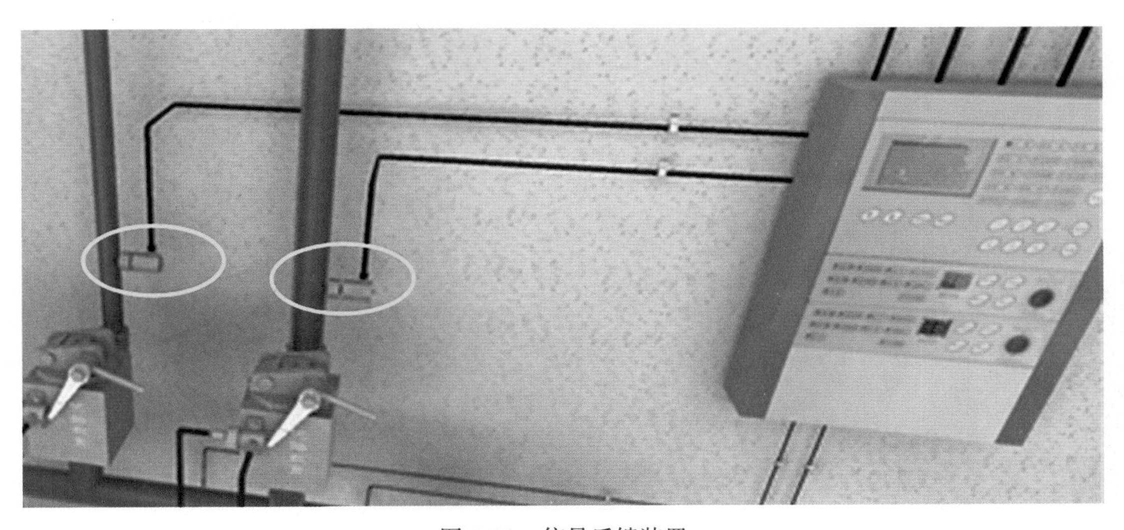

图 4-23 信号反馈装置

10. 灭火剂输送管道

管道的连接图 4-24，当公称直径小于或等于 80mm 时，宜采用螺纹连接；大于 80mm 时，宜采用法兰连接。

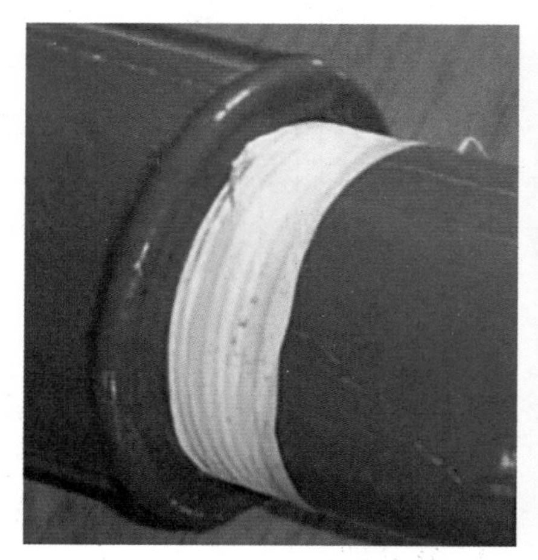

图 4-24　管道螺纹连接及管道法兰连接

11. 喷嘴

喷嘴（图 4-25）是用于控制灭火剂的流速和喷射方向的组件，是气体灭火系统的一个关键部件。喷嘴可分为全淹没灭火方式用喷嘴和局部应用灭火方式用喷嘴。

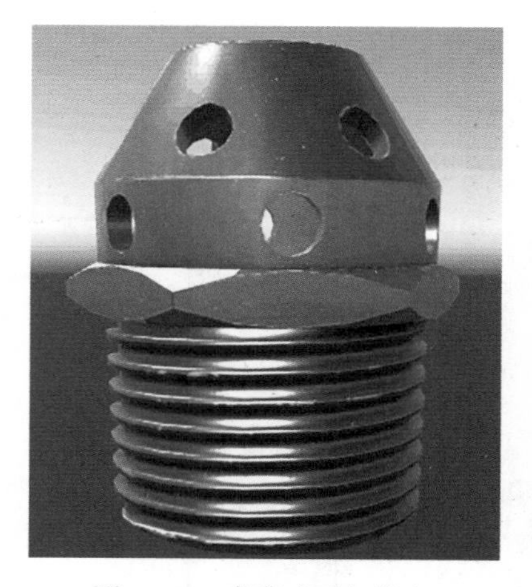

图 4-25　喷嘴（可扫描）

12. 气体灭火控制器

气体灭火系统应由专用的气体灭火控制器进行联动控制（图 4-26）。

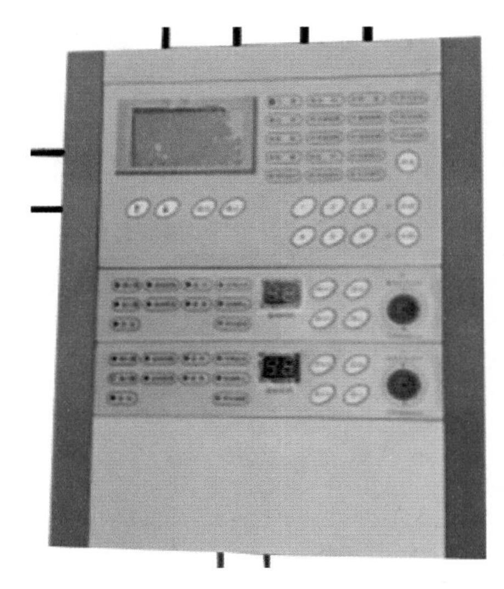

图 4-26　气体灭火控制器

五、系统的适用范围（表 4-1）

系统的适用范围见表 4-1。

表 4-1　系统的适用范围

灭火系统类别	适用范围	不适用范围
二氧化碳灭火系统	电气火灾、液体火灾或石蜡、沥青等可熔化的固体火灾，固体表面火灾及棉毛、织物、纸张等部分固体深位火灾，可切断气源的气体火灾	硝化纤维、火药等含氧化剂的化学制品火灾；钾、钠、镁等活泼金属火灾；氢化钾、氢化钠等金属氢化物火灾
其他气体灭火系统	电气火灾、液体火灾、固体表面火灾、可切断气源的气体火灾	硝化纤维等含氧化剂的化学制品火灾；钾、镁、钠等活泼金属火灾；氢化钾、氢化钠等金属氢化物火灾；过氧化氢、联胺等能自行分解的化学物质火灾；可燃固体物质的深位火灾

六、系统的设计参数及系统组件设置要求

1. 二氧化碳气体灭火系统

二氧化碳气体灭火系统技术要求见表 4-2。

表 4-2　二氧化碳气体灭火系统技术要求

设备名称	内容	技术要求
系统	一般规定	二氧化碳灭火系统按应用方式可分为全淹没灭火系统和局部应用灭火系统。全淹没灭火系统应用于扑救封闭空间内的火灾；局部应用灭火系统应用于扑救不需封闭空间条件的具体保护对象的非深位火灾
		采用全淹没灭火系统的防护区，应符合下列规定： （1）对气体、液体、电气火灾和固体表面火灾，在喷放二氧化碳前不能自动关闭的开口，其面积不应大于防护区总内表面积的 3%，且开口不应设在底面 （2）对固体深位火灾，除泄压口以外的开口，在喷放二氧化碳前应自动关闭 （3）防护区的围护结构及门、窗的耐火极限不应低于 0.50h，吊顶的耐火极限不应低于 0.25h，围护结构及门窗的允许压强不宜小于 1200Pa （4）防护区用的通风机和通风管道中的防火阀，在喷放二氧化碳前应自动关闭
		采用局部应用灭火系统的保护对象，应符合下列规定： （1）保护对象周围的空气流动速度不宜大于 3m/s。必要时，应采取挡风措施 （2）在喷头与保护对象之间，喷头喷射角范围内不应有遮挡物 （3）当保护对象为可燃液体时，液面至容器缘口的距离不得小于 150mm 150mm 可燃液体储存容器液面示意图
		当组合分配系统保护 5 个及以上的防护区或保护对象时，或者在 48h 内不能恢复时，二氧化碳应有备用量，备用量不应小于系统设计的储存量
	全淹没灭火系统	二氧化碳设计浓度不应小于灭火浓度的 1.7 倍，并不得低于 34%
		全淹没灭火系统二氧化碳的喷放时间不应大于 1min。当扑救固体深位火灾时，喷放时间不应大于 7min
	局部应用灭火系统	局部应用灭火系统的设计可采用面积法或体积法。当保护对象的着火部位是比较平直的表面时，宜采用面积法；当着火对象为不规则物体时，应采用体积法
灭火剂储瓶	对于高压二氧化碳系统	高压系统的储存装置应由储存容器、容器阀、单向阀、灭火剂泄漏检测装置和集流管等组成
		储存容器的工作压力不应小于 15MPa，储存容器或容器阀上应设泄压装置，其泄压动作压力应为 19MPa ± 0.95MPa
		储存容器中二氧化碳的充装系数应按国家现行《气瓶安全监察规程》执行
		储存装置的环境温度应为 0~49℃
灭火剂储瓶	对于低压二氧化碳系统	低压系统的储存装置应由储存容器、容器阀、安全泄压装置、压力表、压力报警装置和制冷装置等组成
		储存容器的设计压力不应小于 2.5MPa，并应采取良好的绝热措施。储存容器上至少应设置两套安全泄压装置，其泄压动作压力应为 2.38MPa ± 0.12MPa
		储存装置的高压报警压力设定值应为 2.2MPa，低压报警压力设定值应为 1.8MPa
		储存容器中二氧化碳的装置系数应按国家现行《固定式压力容器安全技术监察规程》执行
		容器阀应能在喷出要求的二氧化碳量后自动关闭

（续）

设备名称	内容	技术要求
灭火剂储瓶	对于低压二氧化碳系统	储存装置应远离热源，其位置应便于再充装，其环境温度宜为 –23~49℃ 二氧化碳蒸汽 二氧化碳液体 低温二氧化碳储罐 低温二氧化碳储罐示意图
	高、低压二氧化碳系统泄漏检测	储存装置应具有灭火剂泄漏检测功能，当储存容器中充装的二氧化碳损失量达到其初始充装量的 10% 时，应能发出声光报警信号并及时补充
	高、低压二氧化碳系统储存容器间	储存装置宜设在专用的储存容器间内。局部应用灭火系统的储存装置可设置在固定的安全围栏内。储存容器间的设置应符合下列规定： （1）应靠近防护区，出口应直接通向室外或疏散走道 （2）耐火等级不应低于二级 （3）室内应保持干燥和良好通风 （4）不具备自然通风条件的储存容器间，应设机械排风装置，排风口距储存容器间地面高度不宜大于 0.5m
选择阀	设置位置	用于组合分配系统，应设置在储存容器间内，选择阀上应设有标明防护区的铭牌，其设置应和防护区一一对应
	操作方式	可采用电动、气动或机械操作方式
	工作压力	高压系统不应小于 12MPa，低压系统不应小于 2.5MPa
	打开时间	选择阀应在二氧化碳储存容器的容器阀动作之前或同时打开 选择阀 选择阀安装位置和打开时间示意图
喷嘴	安装位置和主要功能	二氧化碳灭火系统的喷嘴（喷头）安装在管网的末端，用于向防护区喷洒灭火剂，是用来控制灭火剂的流速和喷射方向的组件
	安装要求	二氧化碳灭火系统，设置在有粉尘或喷漆作业等场所的喷头，应增设不影响喷射效果的防尘罩。全淹没灭火系统的喷头布置应使防护区内二氧化碳分布均匀，喷头应接近天花板或屋顶安装。当保护对象属可燃液体时，喷头射流方向不应朝向液体表面
灭火剂输送管道	连接方式和泄压动作压力	公称直径等于或小于 80mm 的管道，宜采用螺纹连接；公称直径大于 80mm 的管道，宜采用法兰连接。管网中阀门之间的封闭管段应设置泄压装置，其泄压动作压力：高压系统应为 15MPa ± 0.75MPa，低压系统应为 2.38MPa ± 0.12MPa

2. 其他气体灭火系统

其他气体灭火系统技术要求见表 4-3。

表 4-3　其他气体灭火系统技术要求

一般设计要求	设计浓度	有爆炸危险的气体、液体类火灾的防护区，应采用惰化设计浓度；无爆炸危险的气体、液体类火灾和固体类火灾的防护区，应采用灭火设计浓度
	防护区	**两个或两个以上的防护区采用组合分配系统时，一个组合分配系统所保护的**防护区不应超过 8 个
	灭火剂储存量	**组合分配系统的灭火剂储存量，应按**储存量最大的防护区**确定**
		灭火系统的灭火剂储存量，应为防护区的灭火设计用量、储存容器内的灭火剂剩余量和管网内的灭火剂剩余量之和
	备用量	灭火系统的储存装置 72h 内不能重新充装恢复工作的，应按系统原储存量的 100% 设置备用量
	储存容器	同一集流管上的储存容器，其规格、充压压力和充装量应相同 储存容器瓶组示意图
	分流	管网上不应采用四通管件进行分流 四通管件示意图
	预制数量	一个防护区设置的预制灭火系统，其装置数量不宜超过 10 台
	同时启动	**同一防护区内的预制灭火系统装置多于 1 台时，必须能同时启动，其**动作响应时差不得大于 2s
系统设置	一般规定	防护区划分应符合下列规定 （1）防护区宜以单个封闭空间划分；同一区间的吊顶层和地板下需同时保护时，可合为一个防护区 （2）采用管网灭火系统时，一个防护区的面积不宜大于 $800m^2$，且容积不宜大于 $3600m^3$ （3）采用预制灭火系统时，一个防护区的面积不宜大于 $500m^2$，且容积不宜大于 $1600m^3$ 一个管网灭火系统防护区 面积≤$800m^2$ 容积≤$3600m^3$ 预制灭火系统防护区 面积≤$500m^2$ 容积≤$1600m^3$ 防护区面积和容积设计要求示意图

（续）

系统设置	一般规定	防护区围护结构及门窗的耐火极限均不宜低于 0.50h；吊顶的耐火极限不宜低于 0.25h。防护区围护结构承受内压的允许压强，不宜低于 1200Pa
		防护区应设置泄压口，七氟丙烷灭火系统的泄压口应位于防护区净高的 2/3 以上
		喷放灭火剂前，防护区内除泄压口外的开口应能自行关闭
	七氟丙烷灭火系统	**七氟丙烷灭火系统的灭火设计浓度不应小于灭火浓度的** 1.3 倍，**惰化设计浓度不应小于惰化浓度的** 1.1 倍
		在通信机房和电子计算机房等防护区，设计喷放时间不应大于 8s；**在其他防护区，设计喷放时间不应大于 10s**
	IG541 混合气体灭火系统	**IG541 混合气体灭火系统的灭火设计浓度不应小于灭火浓度的** 1.3 倍，**惰化设计浓度不应小于惰化浓度的** 1.1 倍
		当 IG541 混合气体灭火剂喷放至设计用量的 95% 时，其喷放时间不应大于 60s，**且**不应小于 48s
系统组件	储瓶间	管网灭火系统的储存装置宜设在专用储瓶间内。储瓶间宜靠近防护区，并应符合建筑物耐火等级不低于二级的有关规定及有关压力容器存放的规定，且应有直接通向室外或疏散走道的出口。储瓶间和设置预制灭火系统的防护区的环境温度应为 -10~50℃ 储瓶间示意图
	储存容器	**储存装置的储存容器与其他组件的公称工作压力，不应小于在**最高环境温度下**所承受的工作压力**
	泄压	**在储存容器或容器阀上，应设**安全泄压装置**和**压力表。**组合分配系统的集流管，应设安全泄压装置。安全泄压装置的动作压力，应符合相应气体灭火系统的设计规定** 泄压装置示意图
	喷头的布置	**喷头的布置应满足喷放后气体灭火剂在防护区内均匀分布的要求。当保护对象属可燃液体时，喷头射流方向不应朝向液体表面**
	组件的公称工作压力	**系统组件与管道的公称工作压力，不应小于在最高环境温度下所承受的工作压力**

七、系统的操作与控制

系统的操作与控制见表 4-4。

表 4-4　系统的操作与控制

启动方式	**管网灭火系统应设**自动控制、手动控制**和**机械应急操作**三种启动方式。预制灭火系统应设**自动控制**和**手动控制**两种启动方式**	
延迟喷射	采用自动控制启动方式时，根据人员安全撤离防护区的需要，应有不大于 30s 的可控延迟喷射；对于平时无人工作的防护区，可设置为无延迟的喷射	
转换装置	**灭火设计浓度或实际使用浓度大于无毒性反应浓度（NOAEL 浓度）的防护区，应设**手动与自动控制的转换装置**。当**人员进入防护区**时，应能将灭火系统转换为**手动控制方式**；当人员离开时，应能恢复为自动控制方式。防护区内外应设手动、自动控制状态的显示装置**	手动/自动转换开关 防护区入口处的手动 / 自动转换开关示意图
手动操作	自动控制装置应在接到两个独立的火灾信号后才能启动。手动控制装置和手动与自动转换装置应设在防护区疏散出口的门外便于操作的地方，安装高度为中心点距地面 1.5m。机械应急操作装置应设在储瓶间内或防护区疏散出口门外便于操作的地方	
选择阀开启	组合分配系统启动时，选择阀应在容器阀开启前或同时打开	

第五部分

火灾自动报警系统

一、火灾自动报警系统的介绍

二、火灾自动报警系统主要组件介绍

三、火灾自动报警系统的分类

四、报警区域和探测区域的划分

五、系统设备的设计及设置

六、布线设计要求

七、消防联动控制设计

一、火灾自动报警系统的介绍

火灾自动报警系统是指能探测火灾早期特征、发出火灾报警信号，为人员疏散、防止火灾蔓延和启动自动灭火设备提供控制与指示的消防系统（图 5-1）。

火灾自动报警系统一般设置在工业与民用建筑场所，与自动灭火系统、疏散指示系统、防烟排烟系统以及防火分隔系统等其他消防分类系统一起构成完整的建筑消防系统。火灾自动报警系统由火灾探测报警系统、消防联动控制系统、可燃气体探测报警系统及电气火灾监控系统组成（图 5-2）。

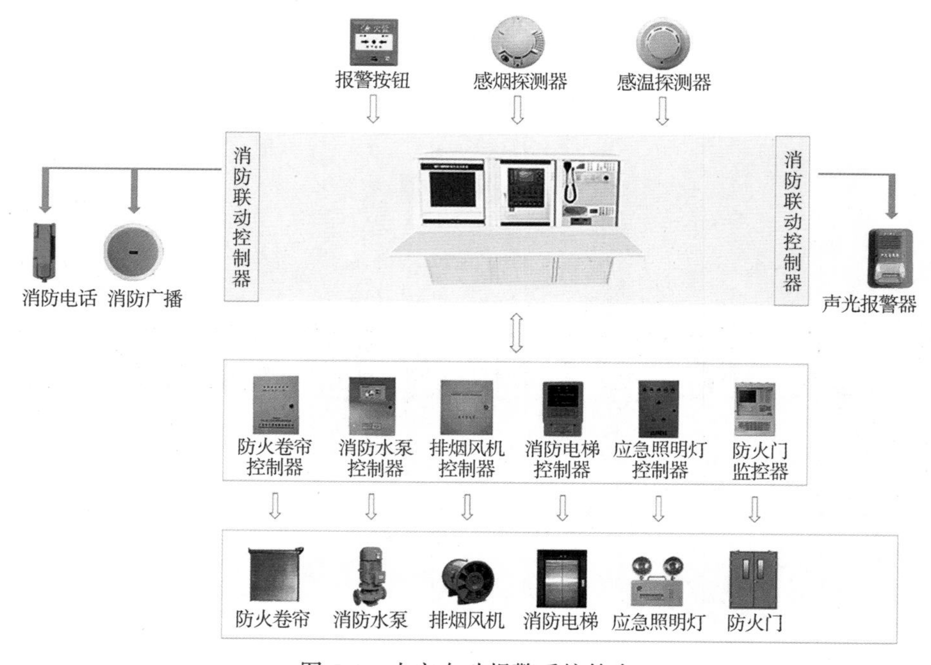

图 5-1　火灾自动报警系统简介

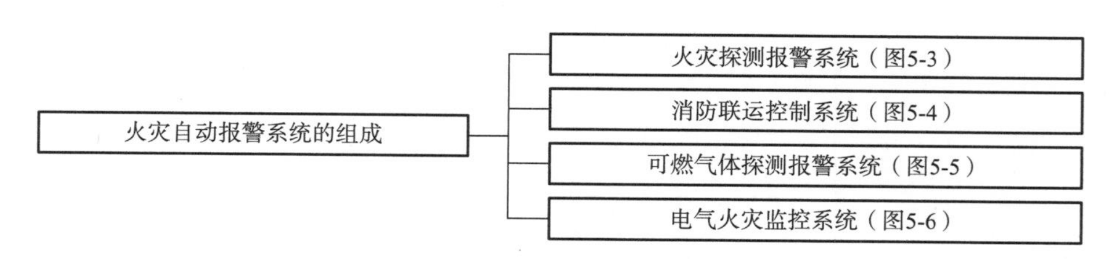

图 5-2　火灾自动报警系统的组成

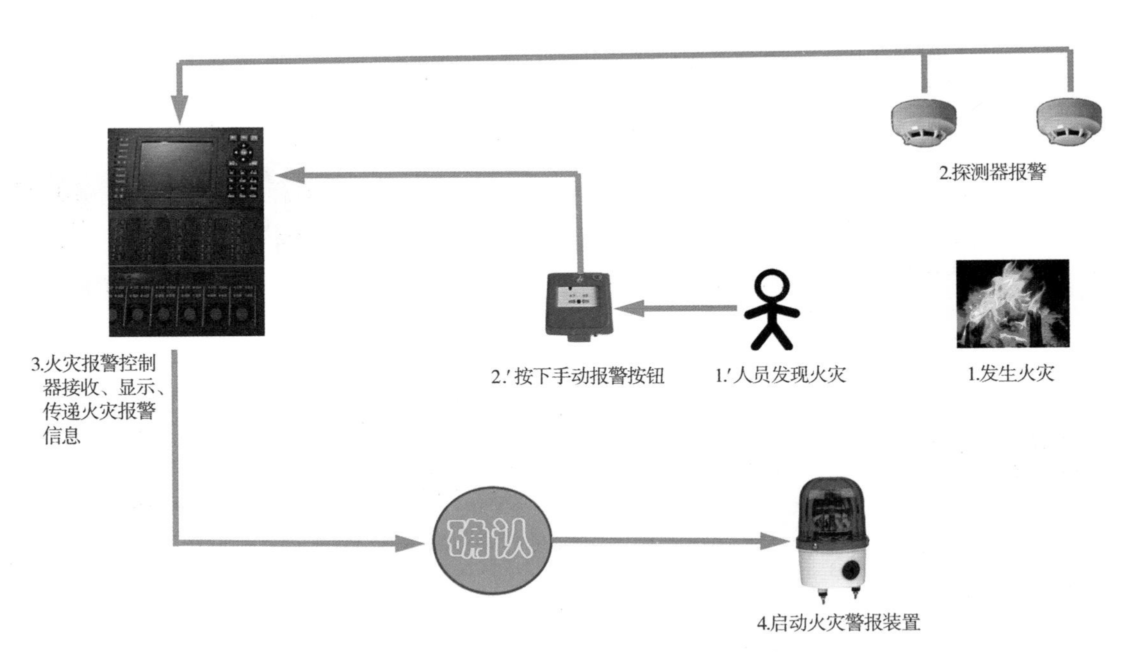

图 5-3　火灾探测报警系统示意图

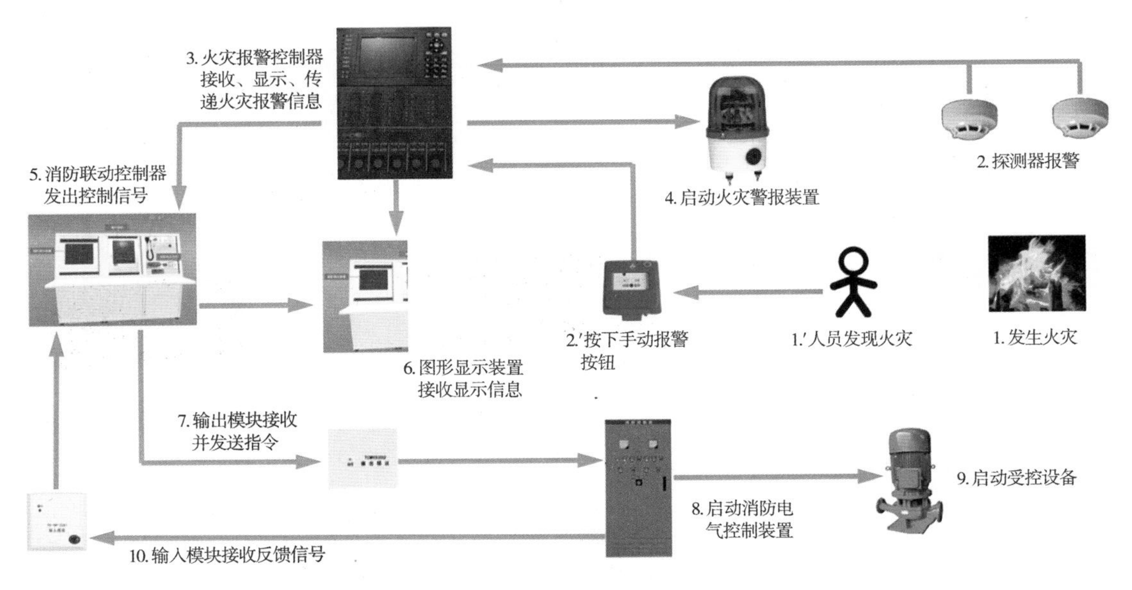

图 5-4　消防联动控制系统示意图

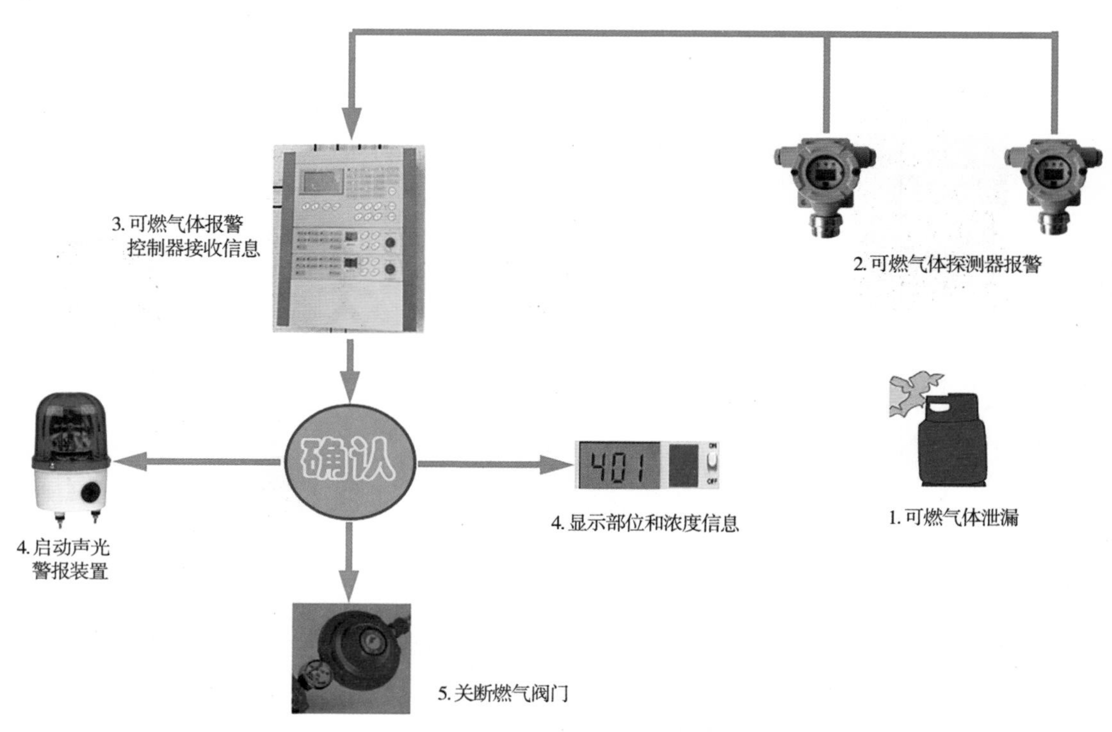

图 5-5　可燃气体探测报警系统示意图

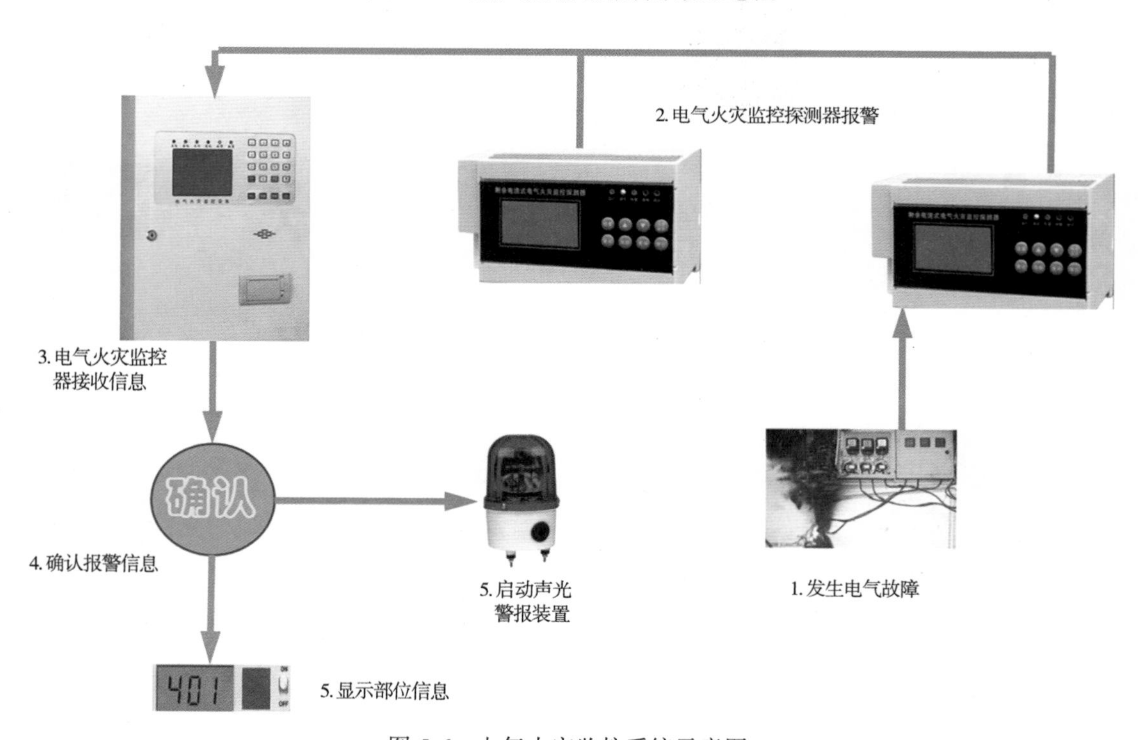

图 5-6　电气火灾监控系统示意图

二、火灾自动报警系统主要组件介绍

1. 火灾探测器（图 5-7，表 5-1）

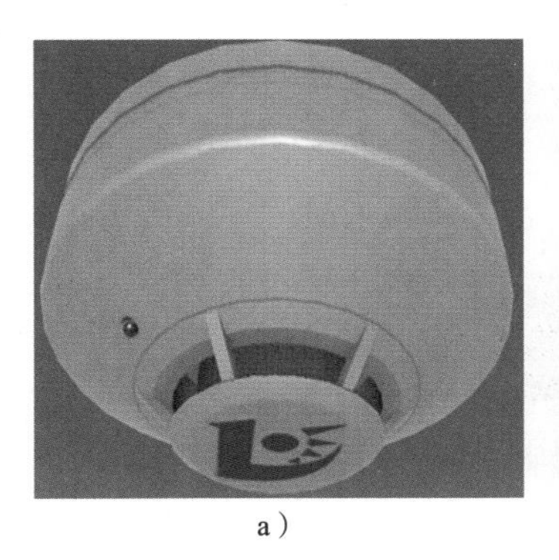
a）

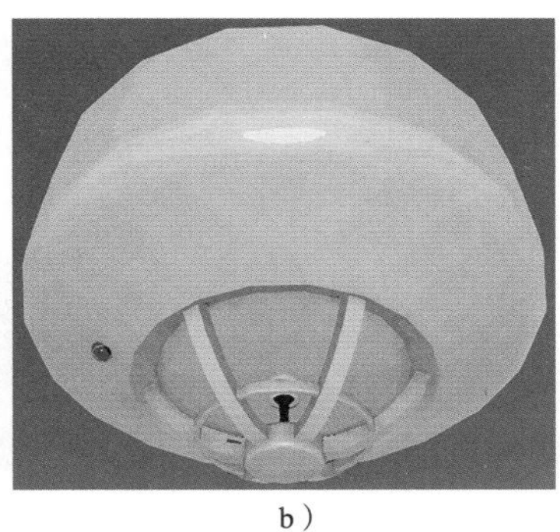
b）

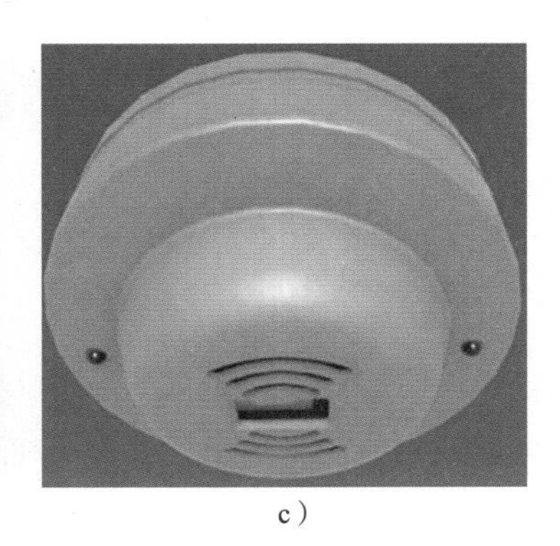
c）

图 5-7　火灾探测器

a）感烟火灾探测器（可扫描）　b）感温火灾探测器（可扫描）　c）感光火灾探测器（可扫描）

表 5-1　火灾探测器技术要求

感烟火灾探测器	探测悬浮在大气中的燃烧和 / 或热解产生的固体或液体微粒的火灾探测器，进一步可分为离子感烟、光电感烟、红外光束、吸气型等
感温火灾探测器	对温度和 / 或温度变化响应的火灾探测器
感光火灾探测器	对火焰光辐射响应的火灾探测器，又称火焰探测器，进一步可分为紫外、红外及复合式等类型
气体火灾探测器	响应燃烧或热解产生的气体的火灾探测器
复合火灾探测器	将多种探测原理集中于一身的探测器，它进一步又可分为烟温复合、红外紫外复合等火灾探测器

2. 手动火灾报警按钮

手动火灾报警按钮是通过手动启动器件发出火灾报警信号的装置（图 5-8）。

图 5-8　手动火灾报警按钮（可扫描）

3. 火灾警报装置

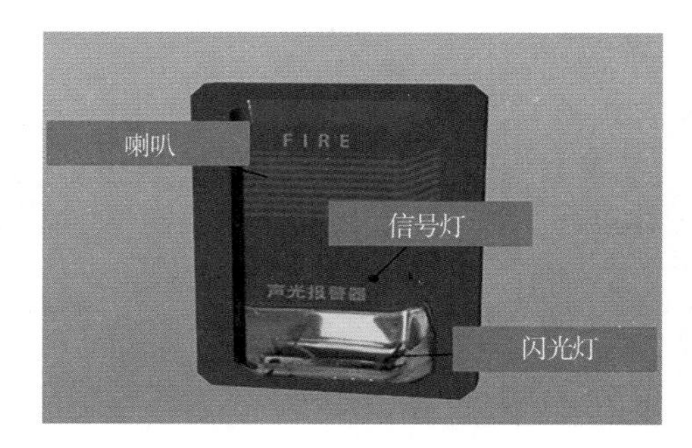

图 5-9　火灾声光警报器

火灾警报装置与火灾报警控制器分开设置，火灾情况下能够发出声和 / 或光火灾警报信号的装置，又称火灾声和 / 或光警报器（图 5-9）。

4. 区域显示器（火灾显示盘）

图 5-10　火灾显示盘

区域显示器（火灾显示盘，图 5-10）作为火灾报警指示设备的一部分，能够接收火灾报警控制器发出的信号，显示发出火警部位或区域，并能发出声光火灾信号。

5. 火灾报警控制器（联动型）

在火灾自动报警系统中，用以接收、显示和传递火灾报警信号，并能发出控制信号和具有其他辅助功能的控制指示设备称为火灾报警装置，火灾报警控制器就是其中最基本的一种。火灾报警控制器（联动型）（图 5-11）是具有联动控制功能的火灾报警控制器。

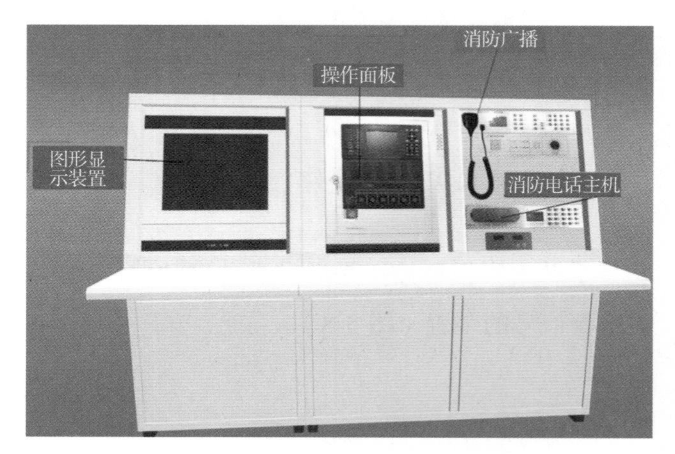

图 5-11　火灾报警控制器（联动型）

6. 消防应急广播

消防应急广播是用于火灾情况下的专门广播设备，主要功能是向现场人员通报火灾发生，指挥并引导现场人员疏散。

7. 消防专用电话

消防专用电话是用于消防控制室与建筑物中各部位之间通话的电话系统。它由消防电话总机、消防电话分机、消防电话插孔构成。消防专用电话是与普通电话分开的专用独立系统，消防专用电话的总机设在消防控制室，分机分设在其他各个部位。

8. 消防控制室图形显示装置

消防控制室图形显示装置是消防控制室中安装的用来显示现场各类消防设备在建筑中布局、工作状态及其他消防安全信息的显示装置。

9. 消防联动模块

消防联动模块（图 5-12）是用于消防联动控制器和其所连接的受控设备或部件之间信号传输的设备，包括输入模块、输出模块和输入输出模块。输入模块的功能是接收受控设备或部件的信号反馈并将信号输入到消防联动控制器中进行显示，输出模块的功能是接收消防联动控制器的输出信号并发送到受控设备或部件，输入输出模块则同时具备输入模块和输出模块的功能。

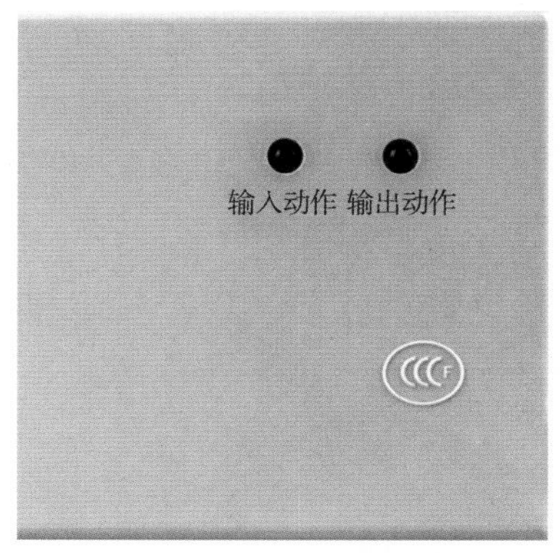

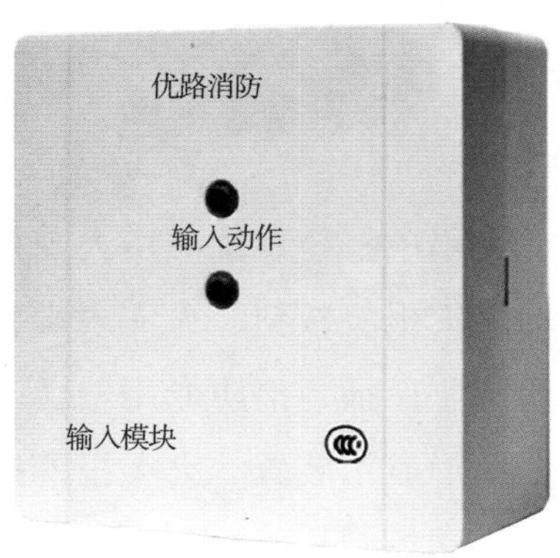

图 5-12　输入输出模块及输入模块

三、火灾自动报警系统的分类

1. 区域报警系统

区域报警系统应由火灾探测器、手动火灾报警按钮、火灾声光警报器及火灾报警控制器等组成，系统中可包括消防控制室图形显示装置和指示楼层的区域显示器。区域报警系统的组成示意图如图 5-13 所示。

区域报警系统适用于仅需要报警，不需要联动自动消防设备的保护对象。

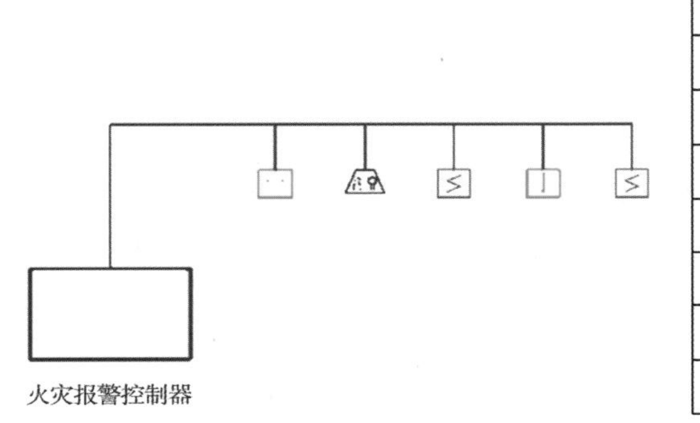

图例	名称	图例	名称
	感烟探测器	M	模块
	感温探测器	XFB	消防泵
	声光报警器		警铃
	手动火灾报警按钮		报警电话
	消火栓报警按钮		线型光束感烟探测器
SI	总线短路隔离器	SFJ	送风机
	消防广播	PFJ	排烟风机
FI	火灾显示盘	YK	压力开关

图 5-13　区域报警系统的组成示意图

2. 集中报警系统

集中报警系统应由火灾探测器、手动火灾报警按钮、火灾声光警报器、消防应急广播、消防专用电话、消防控制室图形显示装置、火灾报警控制器、消防联动控制器等组成。集中报警系统的组成示意图如图 5-14 所示。

集中报警系统适用于具有联动要求的保护对象。

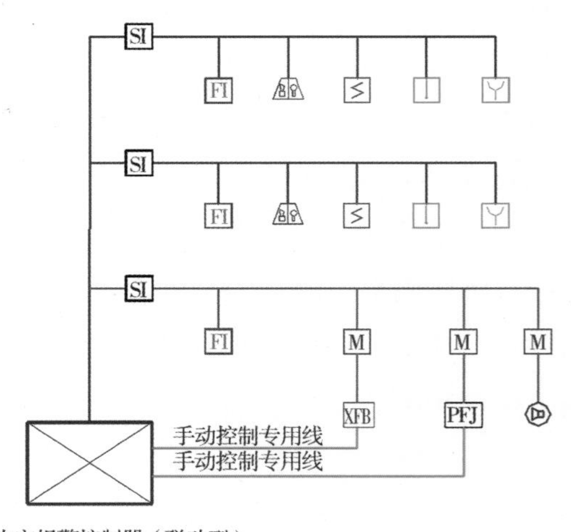

图 5-14　集中报警系统的组成示意图

3. 控制中心报警系统

有两个及以上集中报警系统或设置两个及以上消防控制室的保护对象应采用控制中心报警系统。控制中心报警系统的组成如图 5-15 所示。

控制中心报警系统一般适用于建筑群或体量很大的保护对象，这些保护对象中可能设置几个消防控制室，也可能由于分期建设而采用了不同企业的产品或同一企业不同系列的产品，或由于系统容量限制而设置了多个起集中作用的火灾报警控制器等情况，这些情况下均应选择控制中心报警系统。

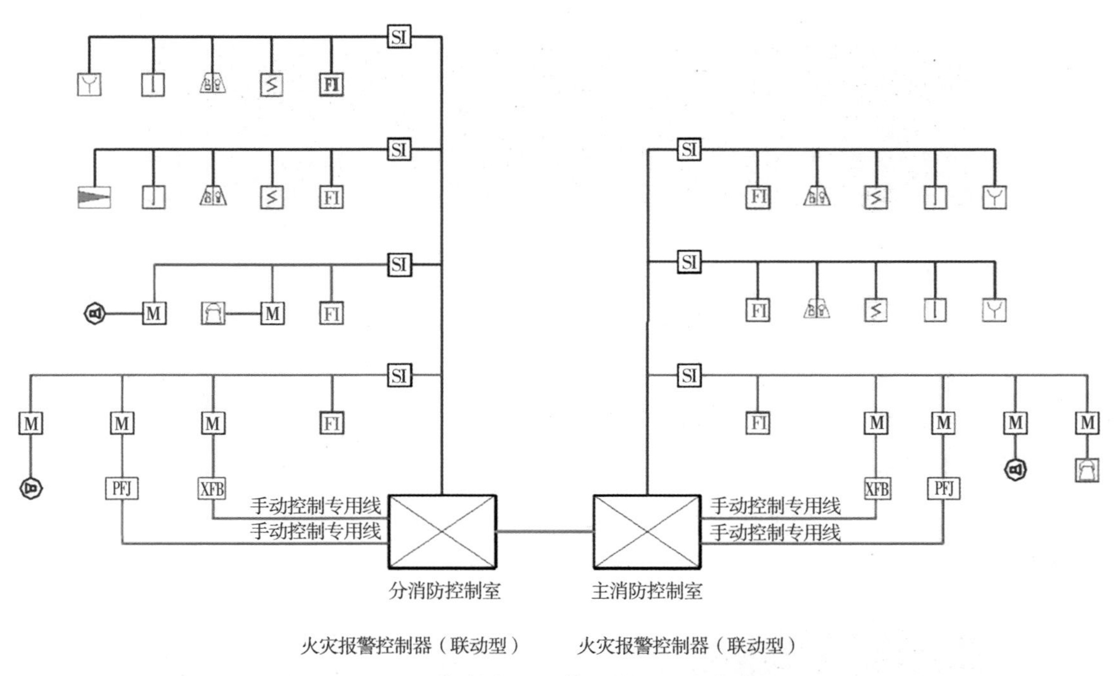

图 5-15　控制中心报警系统的组成示意图

四、报警区域和探测区域的划分

1. 报警区域

报警区域应根据防火分区或楼层划分。可将一个防火分区或一个楼层划分为一个报警区域（图 5-16），也可将发生火灾时需要同时联动消防设备的相邻几个防火分区或楼层划分为一个报警区域（图 5-17）。

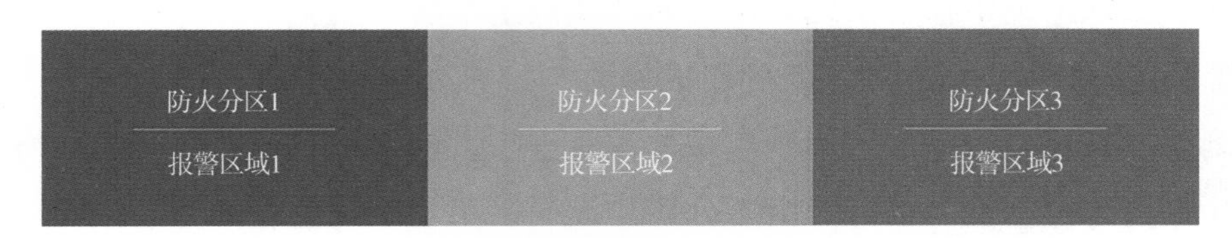

图 5-16　一个防火分区划分为一个报警区域示意图

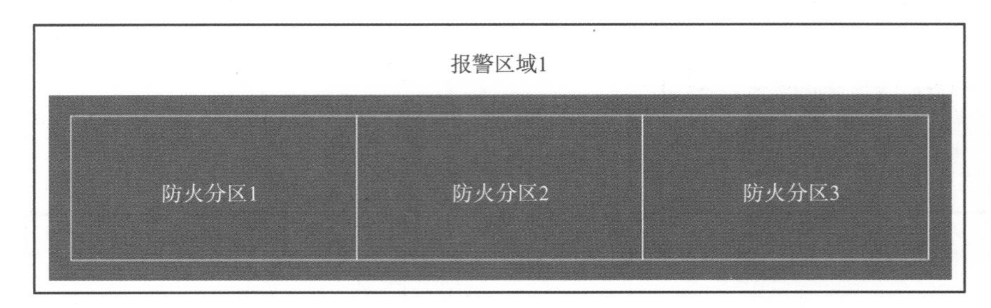

图 5-17　多个防火分区需同时联动消防设备时报警区域划分示意图

2. 探测区域

探测区域应按独立房（套）间划分（图 5-18）。一个探测区域的面积不宜超过 500m²；从主要入口能看清其内部，且面积不超过 1000m² 的房间，也可划为一个探测区域。

图 5-18　探测区域划分示例

下列场所应单独划分探测区域：

1）敞开或封闭楼梯间、防烟楼梯间。

2）防烟楼梯间前室、消防电梯前室、消防电梯与防烟楼梯间合用的前室、走道、坡道。

3）电气管道井、通信管道井、电缆隧道。

4）建筑物闷顶、夹层。

五、系统设备的设计及设置

1. 火灾报警控制器和消防联动控制器的设计容量

任意一台火灾报警控制器所连接的火灾探测器、手动火灾报警按钮和模块等设备总数和地址总数，均不应超过 3200 点，其中每一总线回路连接设备的总数不宜超过 200 点，且应留有不少于额定容量 10% 的余量（图 5-19）。

任意一台消防联动控制器（图 5-20）地址总数或火灾报警控制器（联动型）（图 5-21）所控制的各类模块总数不应超过 1600 点，每一联动总线回路连接设备的总数不宜超过 100 点，且应留有不少于额定容量 10% 的余量。

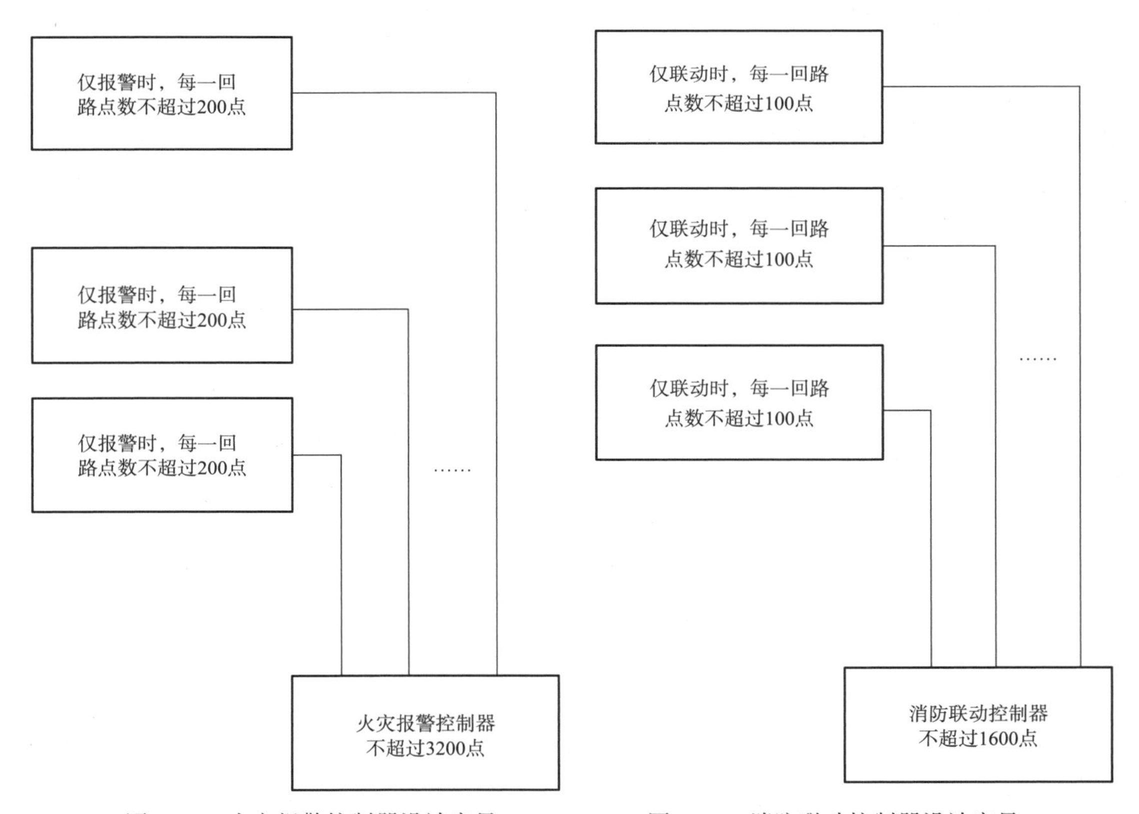

图 5-19　火灾报警控制器设计容量

图 5-20　消防联动控制器设计容量

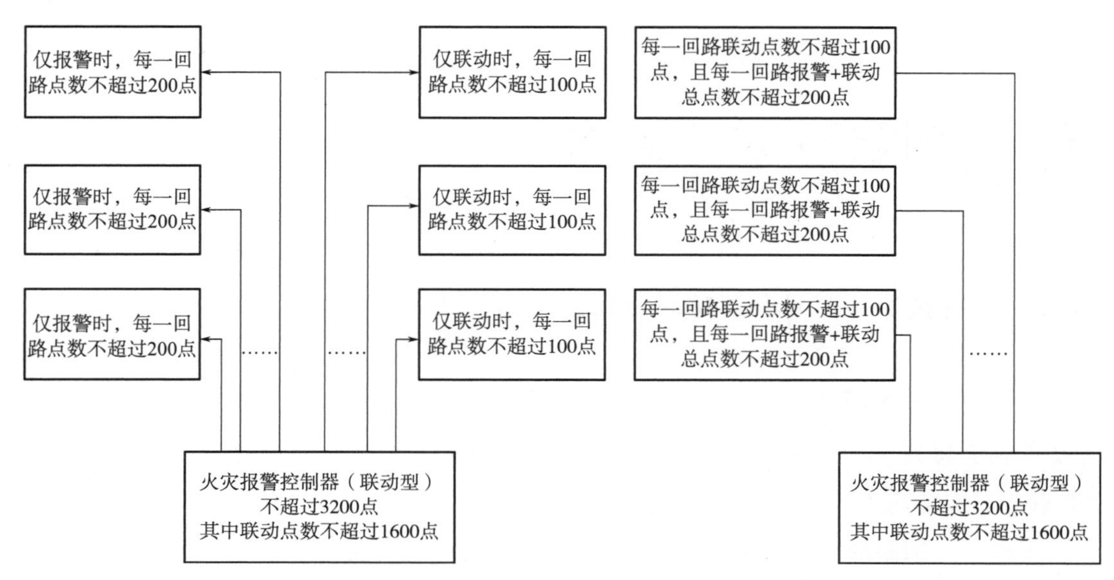

图 5-21 火灾报警控制器（联动型）设计容量方案 1 和火灾报警控制器（联动型）设计容量方案 2

2. 总线短路隔离器的设计

系统总线上应设置总线短路隔离器（图 5-22），每只总线短路隔离器保护的火灾探测器、手动火灾报警按钮和模块等消防设备的总数不应超过 32 点；总线穿越防火分区时，应在穿越处设置总线短路隔离器。

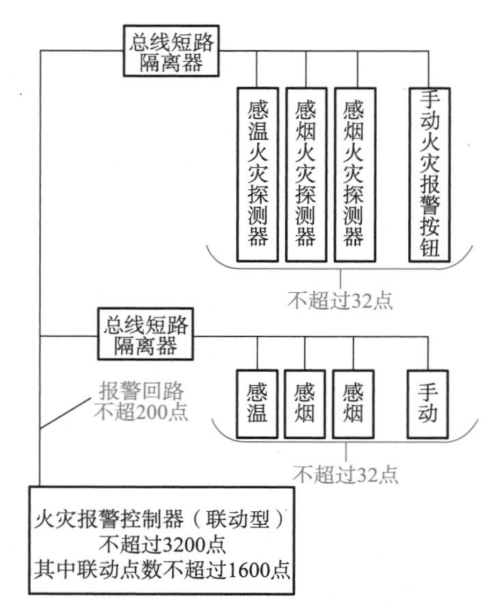

图 5-22 总线短路隔离器设计要求示意图

3. 火灾探测器的设置

（1）点型感烟、感温火灾探测器的安装间距（表 5-2，图 5-23）。

表 5-2　点型感烟、感温火灾探测器技术要求

安装要求	在宽度小于 3m 的内走道顶棚上设置点型火灾探测器时，宜居中布置。感温火灾探测器的安装间距不应超过 10m；感烟火灾探测器的安装间距不应超过 15m；点型火灾探测器至端墙的距离，不应大于探测器安装间距的 1/2
与周边的水平距离	点型火灾探测器至墙壁、梁边的水平距离，不应小于 0.5m；点型火灾探测器周围 0.5m 内，不应有遮挡物；点型火灾探测器至空调送风口边的水平距离不应小于 1.5m，并宜接近回风口安装。点型火灾探测器至多孔送风顶棚孔口的水平距离不应小于 0.5m

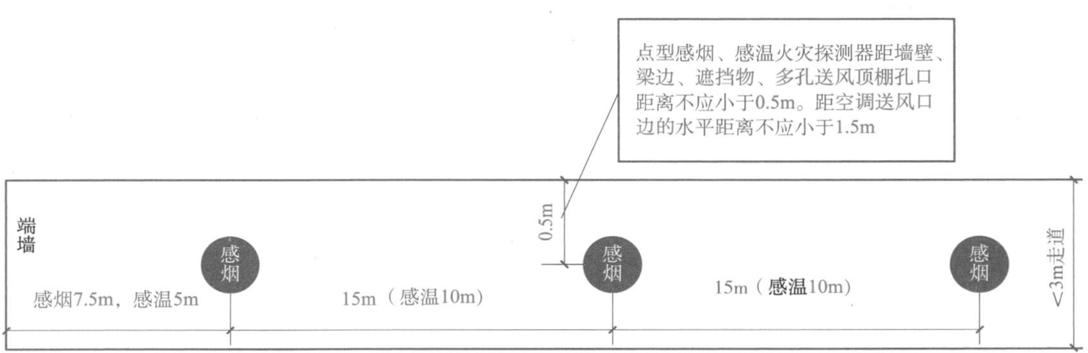

图 5-23　点型感烟、感温火灾探测器安装距离要求示意图

（2）点型感烟、感温火灾探测器的设置数量。

1）探测区域的每个房间应至少设置一只火灾探测器。

2）一个探测区域内所需设置的探测器数量，不应小于式（5-1）的计算值：

$$N=S/(K\cdot A) \tag{5-1}$$

式中　N——探测器数量（只），N 应取整数；

S——该探测区域面积（m^2）；

K——修正系数，容纳人数超过 10000 人的公共场所宜取 0.7~0.8；容纳人数为 2000~10000 人的公共场所宜取 0.8~0.9，容纳人数为 500~2000 人的公共场所宜取 0.9~1.0，其他场所可取 1.0；

A——探测器的保护面积（m^2）。

（3）在有梁的顶棚上设置点型感烟火灾探测器、感温火灾探测器时（图 5-24），应符合下列规定：

1）当梁突出顶棚的高度小于 200mm 时，可不计梁对探测器保护面积的影响。

2）当梁突出顶棚的高度为 200~600mm 时，应按现行《火灾自动报警系统设计规范》

（GB 50116）中规定的图表确定梁对探测器保护面积的影响和一只探测器能够保护的梁间区域的数量。

3）当梁突出顶棚的高度超过 600mm 时，被梁隔断的每个梁间区域应至少设置一只探测器。

4）当被梁隔断的区域面积超过一只探测器的保护面积时，被隔断的区域应按式（5-1）规定计算探测器的设置数量。

5）当梁间净距小于 1m 时，可不计梁对探测器保护面积的影响。

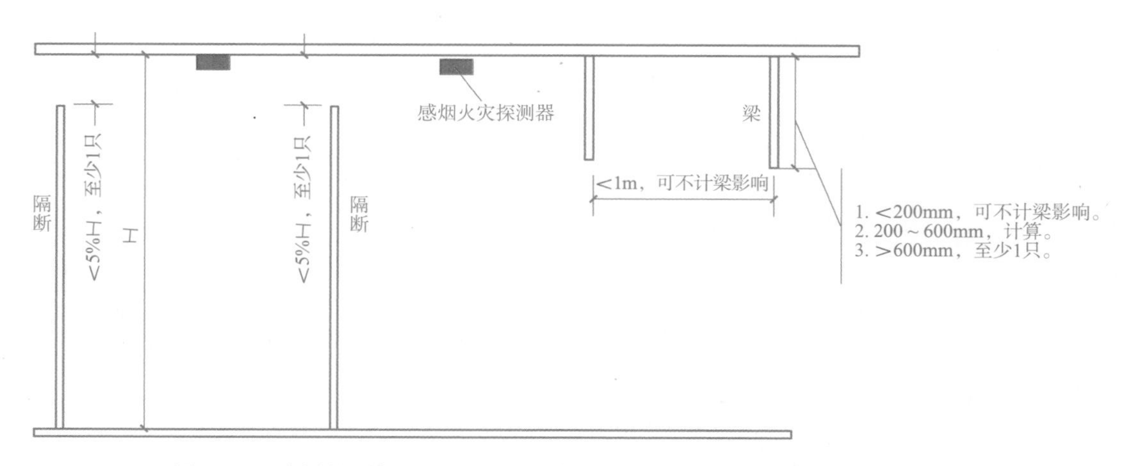

图 5-24　有梁的顶棚上设置的点型感烟、感温火灾探测器设置要求示意图

（4）锯齿形屋顶和坡度大于 15° 的人字形屋顶，应在每个屋脊处设置一排点型探测器。

（5）房间被书架、设备或隔断等分隔，其顶部至顶棚或梁的距离小于房间净高的 5% 时，每个被隔开的部分应至少安装一只点型探测器。

4. 线型光束感烟火灾探测器的设置

线型光束感烟火灾探测器探测原理如图 5-25 所示。

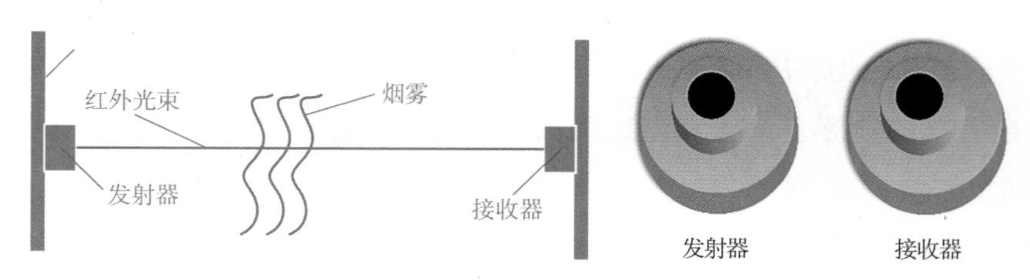

图 5-25　线型光束感烟火灾探测器探测原理示意图

（1）探测器的光束轴线至顶棚的垂直距离宜为 0.3~1.0m，距地高度不宜超过 20m（图 5-26、图 5-27）。

（2）相邻两组探测器的水平距离不应大于 14m，探测器至侧墙水平距离不应大于 7m，且不应小于 0.5m，探测器的发射器和接收器之间的距离不宜超过 100m。

（3）探测器应设置在固定结构上。

（4）探测器的设置应保证其接收端避开日光和人工光源直接照射。

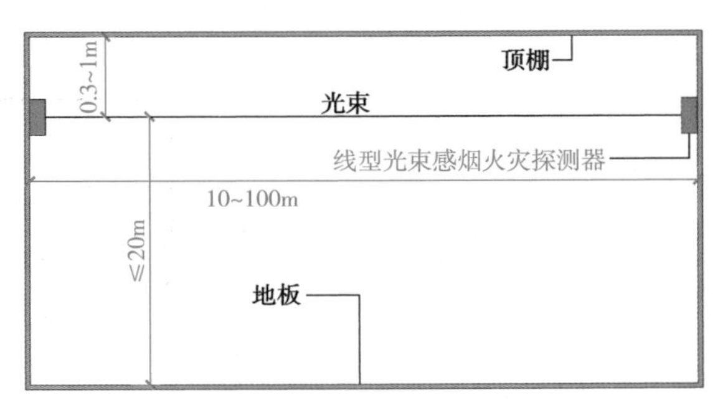

图 5-26　线型光束感烟火灾探测器设置要求立面图

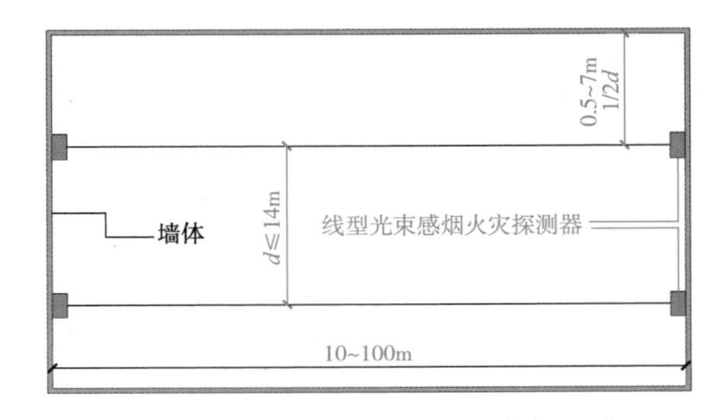

图 5-27　线型光束感烟火灾探测器设置要求平面图

5. 管路采样吸气式感烟火灾探测器

（1）非高灵敏型探测器的采样管网安装高度不应超过 16m；高灵敏型探测器的采样管网安装高度可超过 16m；采样管网安装高度超过 16m 时，灵敏度可调的探测器应设置为高灵敏度，且应减小采样管长度和采样孔数量。

（2）探测器的每个采样孔的保护面积、保护半径，应符合点型感烟火灾探测器的保护面积、保护半径的要求。

（3）一个探测单元的采样管总长不宜超过 200m，单管长度不宜超过 100m，同一根采样管不应穿越防火分区。采样孔总数不宜超过 100 个，单管上的采样孔数量不宜超过 25 个。吸气感烟探测器设置要求如图 5-28 所示，a、b、c 采样管长度符合：$a=a_1+a_2 \leqslant 100$m，$b \leqslant 100$m，$c=c_1+c_2 \leqslant 100$m，且 $a+b+c \leqslant 200$m。采样孔数量符合：a、b、c 每个管路采样孔数量均≤ 25 个，且 $a+b+c$ 采样孔数量总和≤ 100 个。

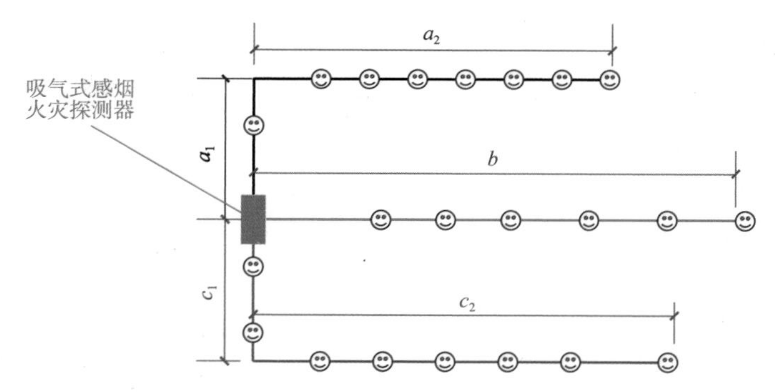

图 5-28　吸气式感烟火灾探测器设置要求示意图

1）当采样管网采用毛细管布置方式时，毛细管长度不宜超过 4m。

2）吸气管路和采样孔应有明显的火灾探测器标识。

3）在设置过梁、空间支架的建筑中，采样管网应固定在过梁、空间支架上。

4）当采样管网布置形式为垂直采样时，每 2℃温差间隔或 3m 间隔（取最小者）应设置一个采样孔，采样孔不应背对气流方向。

6. 格栅吊顶镂空面积对感烟火灾探测器布置的影响

（1）**镂空面积与总面积的比例**不大于 15% 时，**探测器应设置在**吊顶下方（图 5-29）。

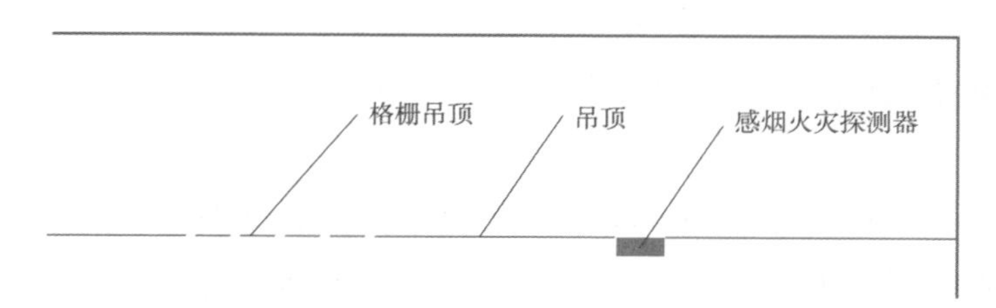

图 5-29　镂空面积与总面积的比例不大于 15% 时探测器设置示意图

（2）**镂空面积与总面积的比例**大于 30% 时，**探测器应设置在**吊顶上方（图 5-30）。

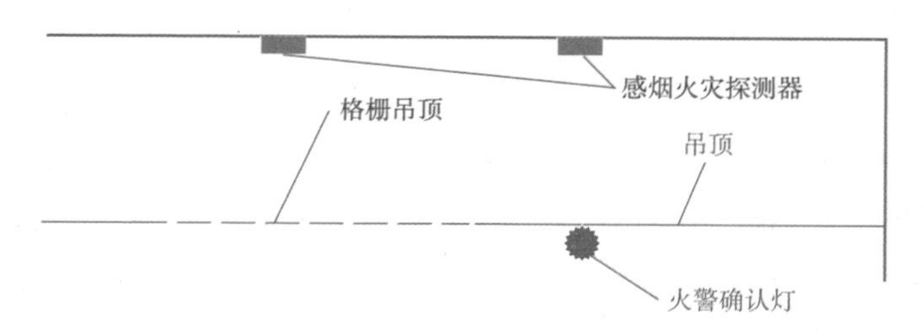

图 5-30　镂空面积与总面积的比例大于 30% 时探测器设置示意图

（3）镂空面积与总面积的比例为 15%~30% 时，探测器的设置部位应根据实际试验结果确定。

（4）探测器设置在吊顶上方且火警确认灯无法观察到时，应在吊顶下方设置火警确认灯。

（5）地铁站台等有活塞风影响的场所，镂空面积与总面积的比例为 30%~70% 时，探测器宜同时设置在吊顶上方和下方（图 5-31）。

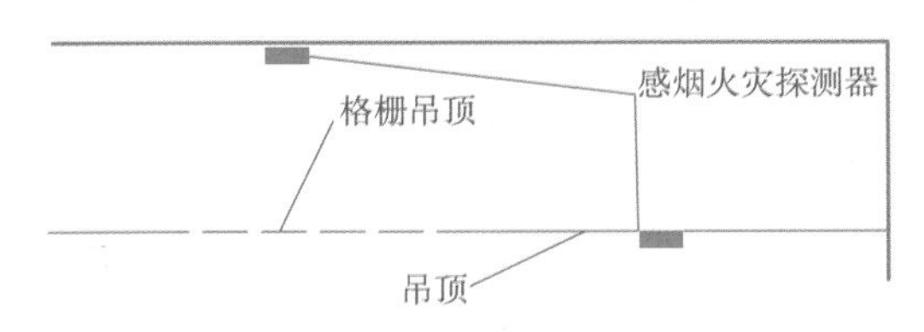

图 5-31　有活塞风影响的场所探测器设置要求示意图

7. 手动火灾报警按钮的设置

手动火灾报警按钮的设置要求见表 5-3，手动火灾报警按钮如图 5-32 所示。

表 5-3　手动火灾报警按钮的设置要求

安装间距	从一个防火分区内的任何位置到最邻近的手动火灾报警按钮的步行距离不应大于 30m
设置部位	当采用壁挂方式安装时，其底边距地高度宜为 1.3~1.5m，且应有明显的标志（图 5-33）

图 5-32　手动火灾报警按钮示意图

图 5-33　手动火灾报警按钮设置高度

8. 区域显示器的设置

每个报警区域宜设置一台区域显示器（火灾显示盘）；宾馆、饭店等场所应在每个报警区域设置一台区域显示器。当一个报警区域包括多个楼层时，宜在每个楼层设置一台仅显示本楼层的区域显示器。

区域显示器应设置在出入口等明显和便于操作的部位。当采用壁挂方式安装时，其底边距地面高度宜为 1.3~1.5m。

9. 火灾警报器（图 5-34）的设置

火灾警报器的设置要求见表 5-4，火灾声光报警器如图 5-34 所示。

表 5-4 火灾警报器的设置要求

声压级	**每个报警区域内应均匀设置火灾警报器，其声压级不应小于 60dB；在环境噪声大于 60dB 的场所，其声压级应高于背景噪声 15dB**
安装高度	当火灾警报器采用壁挂方式安装时，底边距地面高度应大于 2.2m

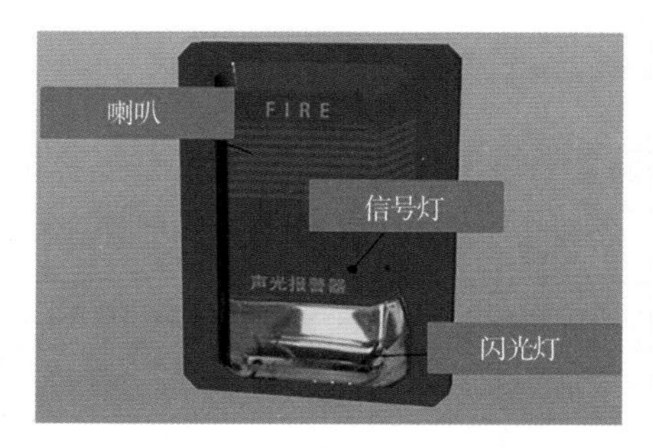

图 5-34 火灾声光报警器

10. 消防应急广播（图 5-35）的设置

民用建筑内扬声器应设置在走道和大厅等公共场所。每个扬声器的额定功率不应小于 3W，其数量应能保证从一个防火分区内的任何部位到最近一个扬声器的直线距离不大于 25m，走道末端距最近的扬声器距离不大于 12.5m；在环境噪声大于 60dB 的场所设置的扬声器，在其播放范围内最远点的播放声压级应高于背景噪声 15dB；客房设置专用扬声器时，其功率不宜小于 1.0W。壁挂扬声器的底边距地面高度应大于 2.2m。

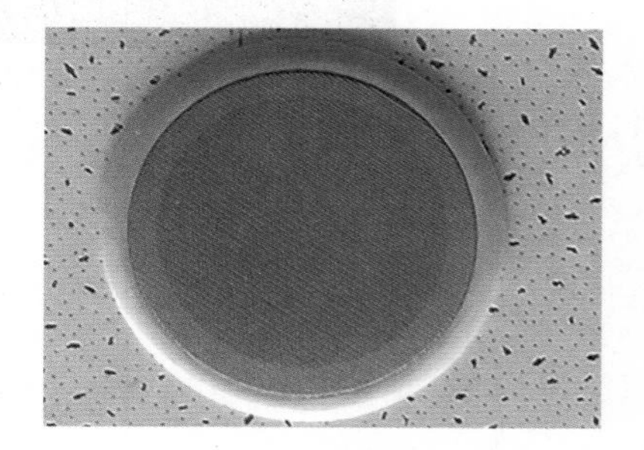

图 5-35 消防应急广播

11. 消防专用电话（图 5-36）的设置

（1）消防专用电话网络应为独立的消防通信系统。消防控制室应设置消防专用电话总机。多线制消防专用电话系统中的每个电话分机应与总机单独连接。

（2）电话分机或电话插孔的设置，应符合下列规定：

1）消防水泵房、发电机房、配变电室、计算机网络机房、主要通风和空调机房、防烟排烟机房、灭火控制系统操作装置处或控制室、企业消防站、消防值班室、总调度室、消防电梯机房及其他与消防联动控制有关的且经常有人值班的机房应设置消防专用电话分机。消防专用电话分机，应固定安装在明显且便于使用的部位，并应有区别于普通电话的标识。

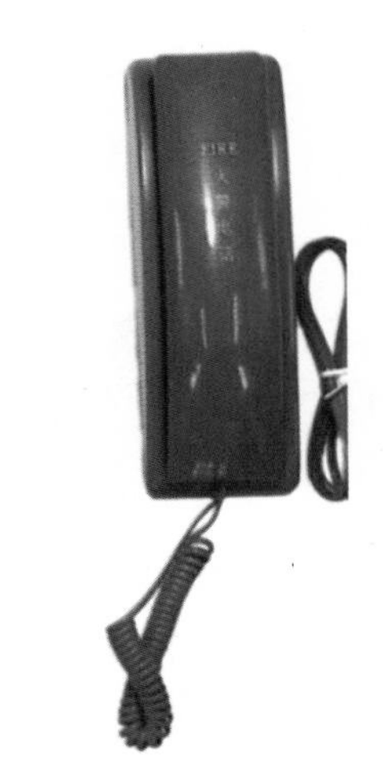

图 5-36　消防电话

2）设有手动火灾报警按钮或消火栓按钮等处，宜设置电话插孔，并宜选择带有电话插孔的手动火灾报警按钮。

3）各避难层应每隔 20m 设置一个消防专用电话分机或电话插孔。

4）电话插孔在墙上安装时，其底边距地面高度宜为 1.3~1.5m。

5）消防控制室、消防值班室或企业消防站等处，应设置可直接报警的外线电话。

12. 消防控制室图形显示装置的设置

消防控制室图形显示装置应设置在消防控制室内，并应符合火灾报警控制器的安装设置要求。消防控制室图形显示装置与火灾报警控制器、消防联动控制器、电气火灾监控器、可燃气体报警控制器等消防设备之间，应采用专用线路连接（图 5-37）。

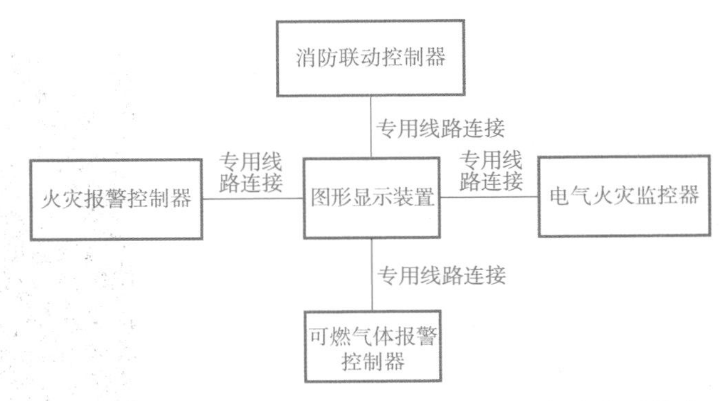

图 5-37　消防控制室图形显示装置与各类控制器专用线路连接示意图

六、布线设计要求

1. 布线设计的一般规定

火灾自动报警系统的传输线路和 50V 以下供电的控制线路，应采用电压等级不低于交流 300V/500V 的铜芯绝缘导线或铜芯电缆。采用交流 220V/380V 的供电和控制线路，应采用电压等级不低于交流 450V/750V 的铜芯绝缘导线或铜芯电缆。

铜芯绝缘导线和铜芯电缆线芯的最小截面面积，不应小于表 5-5 的规定。

表 5-5　导线类别和线芯的最小截面面积

序号	类别	线芯的最小截面面积 /mm²
1	穿管敷设的绝缘导线	1.00
2	线槽内敷设的绝缘导线	0.75
3	多芯电缆	0.50

火灾自动报警系统的供电线路和传输线路设置在室外时，应埋地敷设。

2. 室内布线设计

火灾自动报警系统的传输线路应采用金属管、可挠（金属）电气导管、B1 级以上的刚性塑料管或封闭式线槽保护。封闭式线槽保护传输线路如图 5-38 所示。

图 5-38　封闭式线槽保护传输线路示意图

火灾自动报警系统的供电线路、消防联动控制线路应采用耐火铜芯电线电缆，报警总线、消防应急广

播和消防专用电话等传输线路应采用阻燃或阻燃耐火电线电缆，见表 5-6。线路暗敷设时，宜采用金属管、可挠（金属）电气导管或 B1 级以上的刚性塑料管保护，并应敷设在不燃烧体的结构层内，且保护层厚度不宜小于 30mm（图 5-39）；线路明敷设时，应采用金属管、可挠（金属）电气导管或金属封闭线槽保护。矿物绝缘类不燃性电缆可直接明敷。

表 5-6　线路类型及电线电缆类型

序号	线路类型	电线电缆类型
1	供电线路、消防联动控制线路	耐火铜芯电线电缆
2	报警总线、消防应急广播和消防专用电话等传输线路	应采用阻燃或阻燃耐火电线电缆

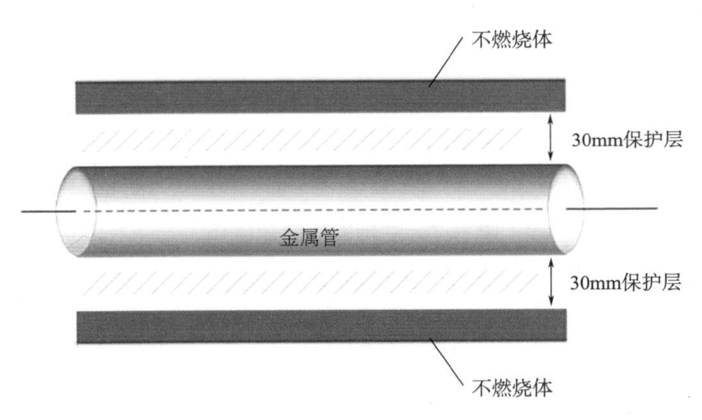

图 5-39　火灾自动报警系统线路暗敷设示意图

火灾自动报警系统用的电缆竖井，宜与电力、照明用的低压配电线路电缆竖井分别设置。如受条件限制必须合用时，应将火灾自动报警系统用的电缆和电力、照明用的低压配电线路电缆分别布置在竖井的两侧。不同电压等级的线缆不应穿入同一根保护管内，**当合用同一线槽时，线槽内应有隔板分隔。**

采用穿管水平敷设时，除报警总线外，不同防火分区的线路不应穿入同一根管内。从接线盒、线槽等处引到探测器底座盒、控制设备盒、扬声器箱的线路，均应加金属保护管保护。

火灾探测器的传输线路，宜选择不同颜色的绝缘导线或电缆。正极“+”线应为红色，负极“–”线应为蓝色或黑色（图 5-40）。同一工程中相同用途导线的颜色应一致，接线端子应有标号。

图 5-40　正极“+”红色、负极“–”黑色线路示意图

七、消防联动控制设计

1. 三种消防联动信号（表 5-7）

表 5-7　三种消防联动信号

信号名称	信号发出方	信号接收方	作用
联动控制信号	消防联动控制器	消防设备（设施）	控制消防设备（设施）工作
联动反馈信号	受控消防设备（设施）	消防联动控制器	反馈受控消防设备（设施）工作状态
联动触发信号	有关设备	消防联动控制器	用于逻辑判断，当条件满足时，相关设备启停

2. 消防设备的启动要求

（1）水泵控制柜、风机控制柜等消防电气控制装置不应采用变频启动方式。

（2）启动电流较大的消防设备宜分时启动（负载容量由大到小的原则顺序启动）。

3. 消防联动控制的一般规定

在火灾报警后经逻辑确认（或人工确认），消防联动控制器应在 3s 内按设定的控制逻辑准确发出联动控制信号给相应的消防设备，当消防设备动作后将动作信号反馈给消防控制室并显示。

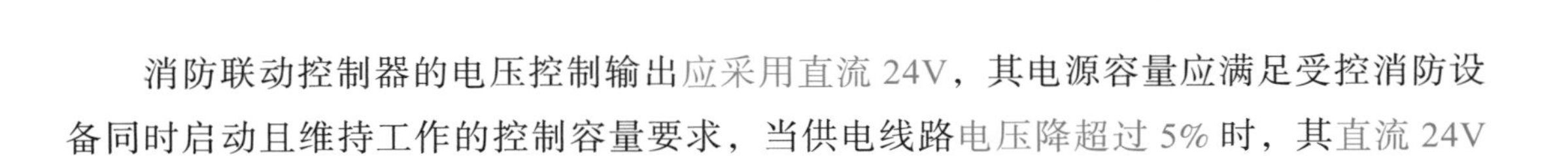

消防联动控制器的电压控制输出应采用直流 24V，其电源容量应满足受控消防设备同时启动且维持工作的控制容量要求，当供电线路电压降超过 5% 时，其直流 24V 电源应由现场提供。

4. 系统的控制方式

（1）联动控制方式。

联动：**总线** 2 路信号**至消防控制中心，再至控制柜自动启动。**

连锁：专线 1 路信号至控制柜自动启动。

（2）手动控制方式。

远程手动：**消防水泵、防排烟风机的控制设备，除应采用联动控制方式外，还应在消防控制室火灾报警控制器（联动型）或消防联动控制器的**手动控制盘采用直接手动控制，**手动控制盘上的启停按钮应与消防水泵、防排烟风机的控制箱（柜）直接用控制线或控制电缆连接。**

现场手动：按下消防水泵、防排烟风机等控制柜上的启停按钮。

5. 消防系统中常见联动（连锁）触发和联动（连锁）控制信号（表 5-8）

表 5-8　消防系统中常见联动（连锁）触发和联动（连锁）控制信号

<table>
<tr><th colspan="2">系统名称</th><th>联动（连锁）触发信号</th><th>联动控制信号</th></tr>
<tr><td rowspan="4">自动喷水灭火系统</td><td>湿式和干式系统</td><td rowspan="4">消防水泵出水干管上设置的压力开关、高位消防水箱出水管上的流量开关或报警阀压力开关</td><td rowspan="4">启动喷淋泵</td></tr>
<tr><td>预作用系统</td></tr>
<tr><td>雨淋系统</td></tr>
<tr><td>水幕系统</td></tr>
<tr><td colspan="2">消火栓系统</td><td>消火栓系统出水干管上设置的低压压力开关、高位消防水箱出水管上设置的流量开关或报警阀压力开关的动作信号</td><td>启动消火栓泵</td></tr>
<tr><td colspan="2">排烟系统</td><td>排烟风机入口总管上设置的 280℃排烟防火阀动作信号</td><td>关闭排烟风机</td></tr>
</table>

6. 常见联动触发信号、联动控制信号及联动反馈信号表

（1）湿式系统和干式系统联动控制（图 5-41、图 5-42、表 5-9）。

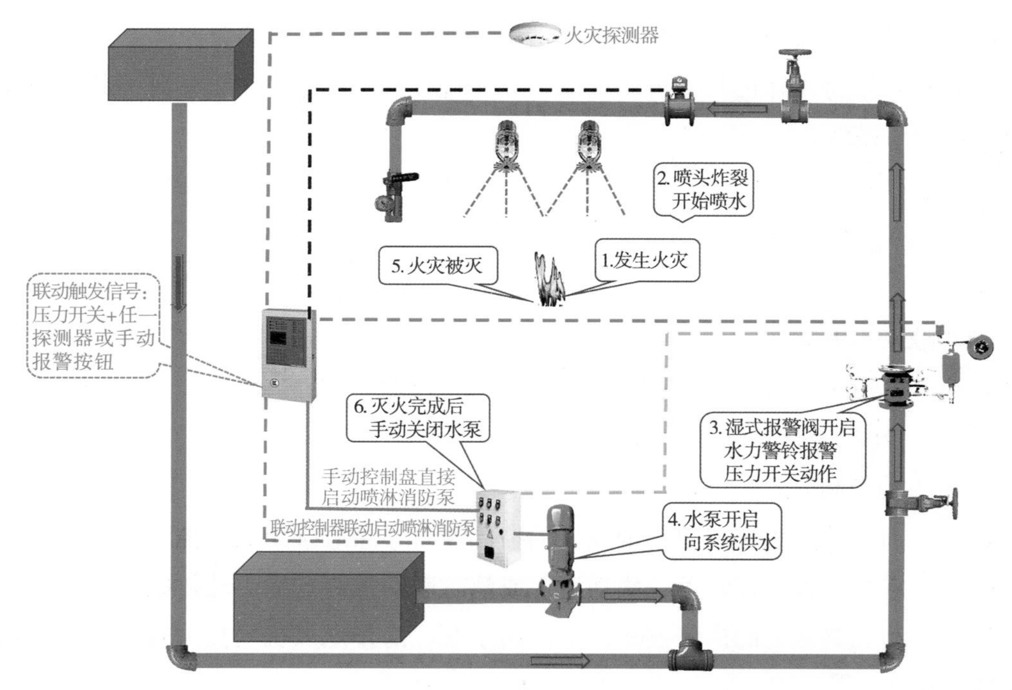

图 5-41　湿式系统联动控制示意图

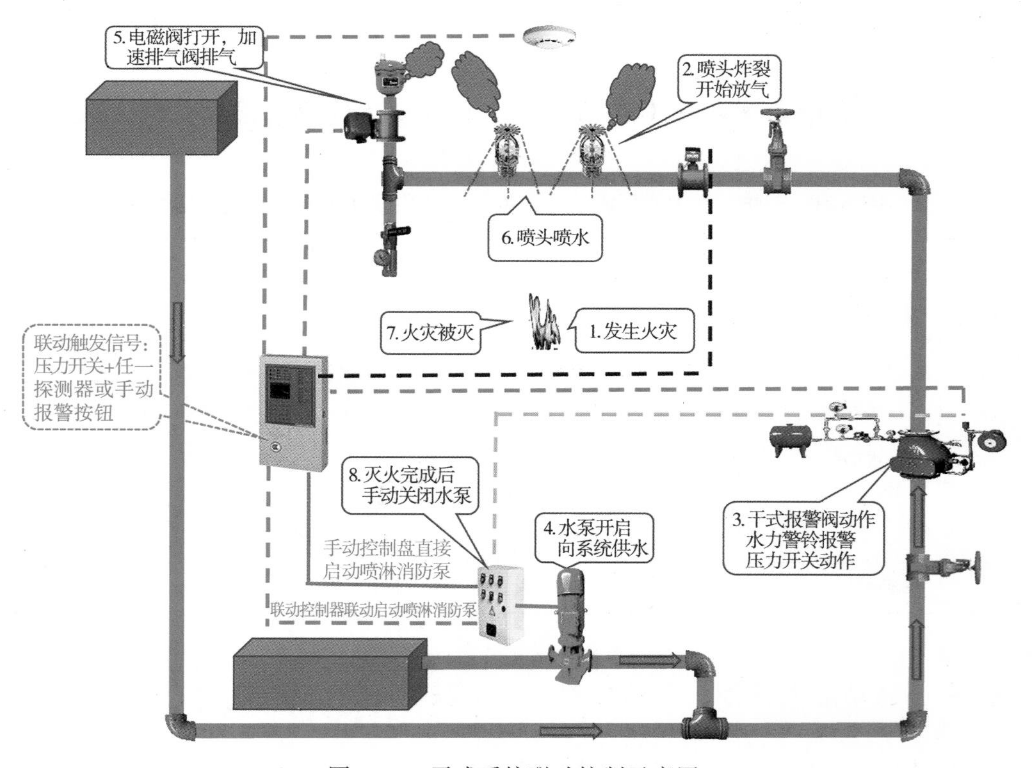

图 5-42　干式系统联动控制示意图

表 5-9 湿式系统和干式系统常见联动触发信号、联动控制及联动反馈信号

联动触发信号	联动控制	联动反馈信号
报警阀压力开关的动作信号与该报警阀防护区域内任一火灾探测器或手动报警按钮的报警信号	启动喷淋消防泵	水流指示器、信号阀、压力开关、喷淋消防泵的启动和停止的动作信号
手动控制方式，应将喷淋消防泵控制箱（柜）的启动、停止按钮用专用线路直接连接至设置在消防控制室内的消防联动控制器的手动控制盘，直接手动控制喷淋消防泵的启动、停止		

（2）预作用系统联动控制（图 5-43、图 5-44，表 5-10）。

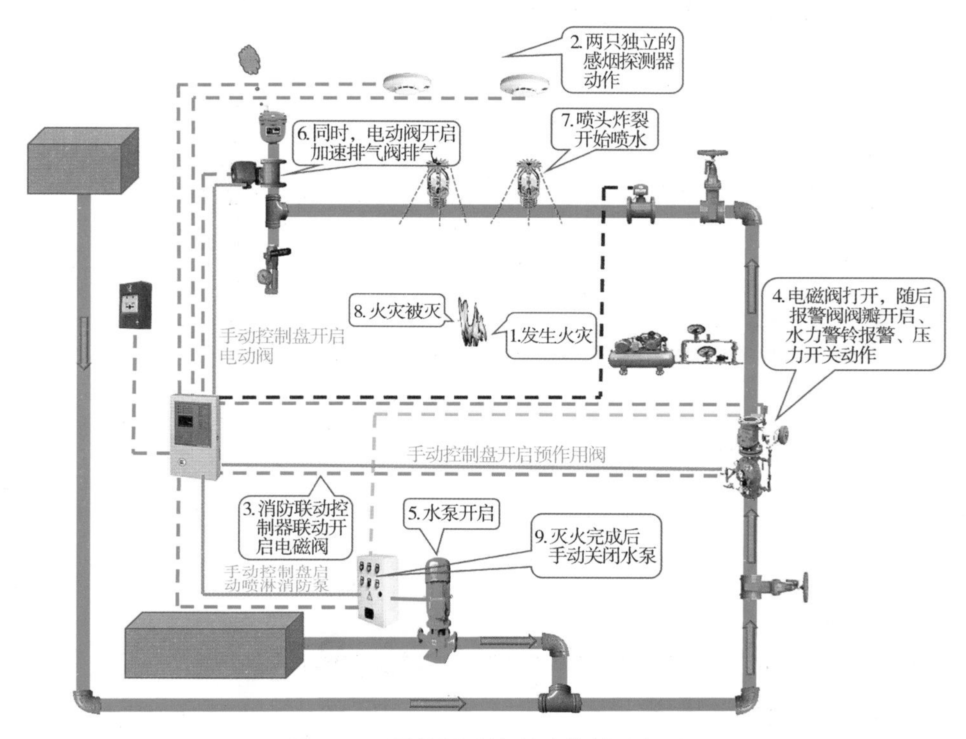

图 5-43 预作用系统联动控制示意图

表 5-10 预作用系统常见联动触发信号、联动控制及联动反馈信号

联动触发信号	联动控制	联动反馈信号
同一报警区域内两只及以上独立的感烟火灾探测器或一只感烟火灾探测器与一只手动火灾报警按钮的报警信号，或由火灾自动报警系统和充气管道上设置的压力开关（双连锁）动作信号	开启预作用阀、开启快速排气阀前电动阀	水流指示器动作信号、信号阀动作信号、压力开关动作信号、喷淋消防泵的启动和停止的动作信号、有压气体管道气压状态信号、快速排气阀前电动阀动作信号
报警阀压力开关的动作信号与该报警阀防护区域内任一火灾探测器或手动报警按钮的报警信号	启动喷淋消防泵	
手动控制方式，应将喷淋消防泵控制箱（柜）的启动和停止按钮、预作用阀组和快速排气阀入口前的电动阀的启动和停止按钮，用专用线路直接连接至设置在消防控制室内的消防联动控制器的手动控制盘，直接手动控制喷淋消防泵的启动、停止及预作用阀组和电动阀的开启		

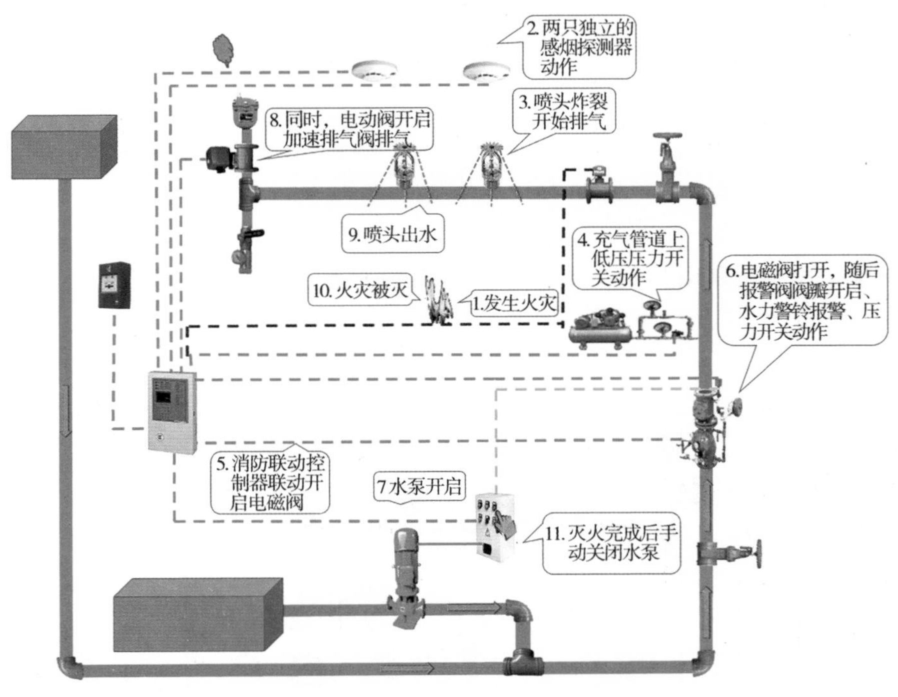

图 5-44　双连锁预作用系统联动控制示意图

（3）雨淋系统联动控制（图 5-45、表 5-11）。

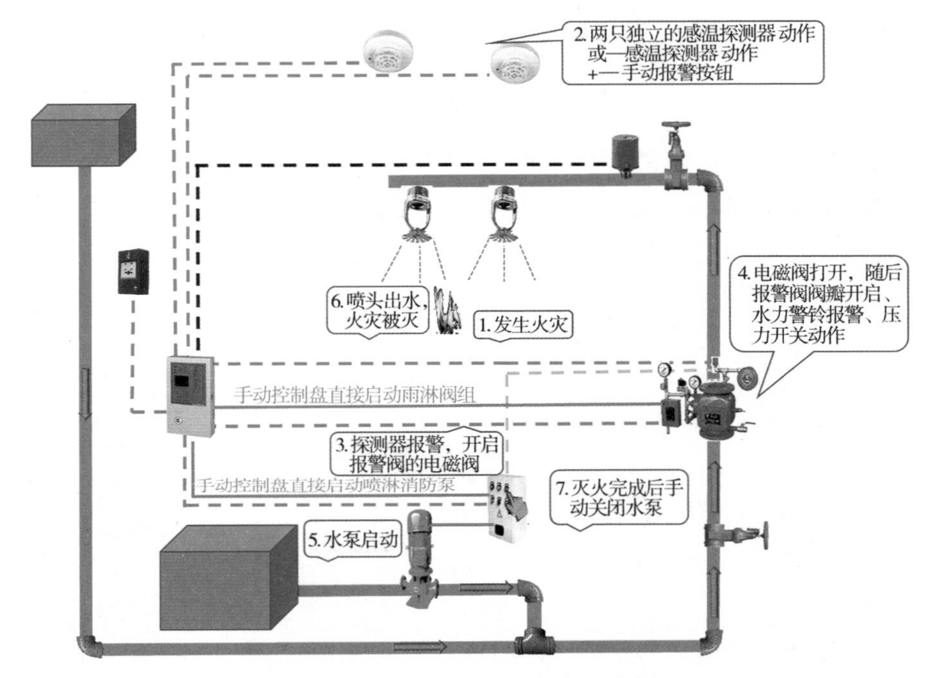

图 5-45　雨淋系统联动控制示意图

表 5-11 雨淋系统常见联动触发信号、联动控制及联动反馈信号

联动触发信号	联动控制	联动反馈信号
同一报警区域内两只及以上独立的感温火灾探测器或一只感温火灾探测器与一只手动火灾报警按钮的报警信号	开启雨淋阀组	水流指示器动作信号、压力开关动作信号、雨淋阀组和雨淋消防泵的启动和停止的动作信号
报警阀压力开关的动作信号与该报警阀防护区域内任一火灾探测器或手动报警按钮的报警信号	启动喷淋泵	
手动控制方式，应将雨淋消防泵控制箱（柜）的启动和停止按钮、雨淋阀组的启动和停止按钮，用专用线路直接连接至设置在消防控制室内的消防联动控制器的手动控制盘，直接手动控制雨淋消防泵的启动、停止及雨淋阀组的开启		

（4）**水幕系统联动控制**（图 5-46~图 5-48、表 5-12）。

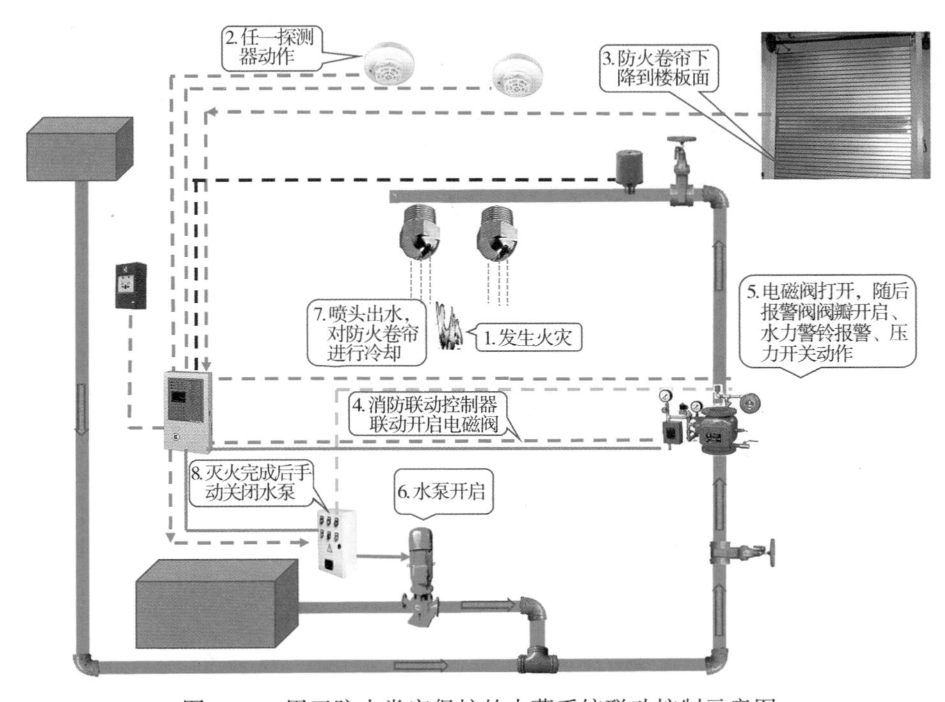

图 5-46 用于防火卷帘保护的水幕系统联动控制示意图

图 5-47 水幕系统喷射效果示意图

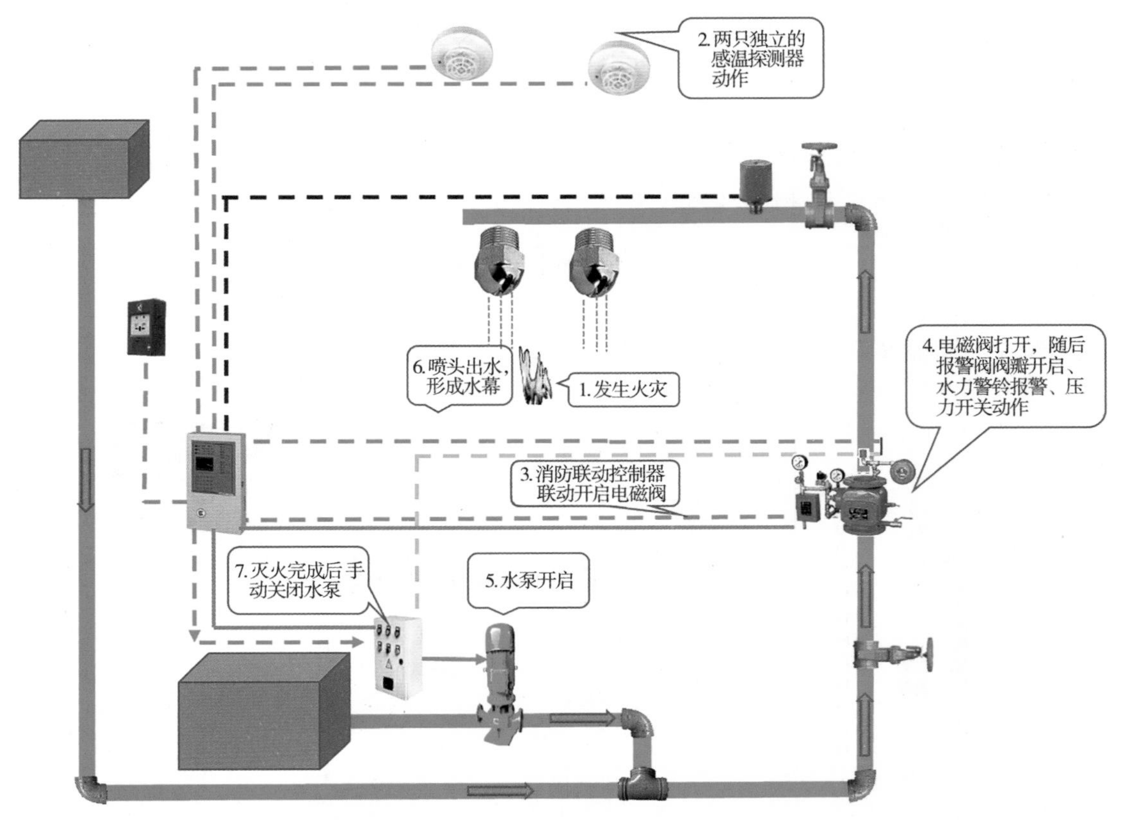

图 5-48　用于防火分隔的水幕系统联动控制示意图

表 5-12　水幕系统常见联动触发信号、联动控制及联动反馈信号

系统名称	联动触发信号	联动控制	联动反馈信号
用于防火卷帘保护的水幕系统	防火卷帘下落到楼板面的动作信号与本报警区域内任一火灾探测器或手动火灾报警按钮的报警信号	开启水幕系统控制阀组	压力开关动作信号、水幕系统相关控制阀组和消防泵的启动和停止的动作信号
	报警阀压力开关的动作信号与该报警阀防护区域内任一火灾探测器或手动报警按钮的报警信号	启动喷淋泵	
用于防火分隔的水幕系统	报警区域内两只独立的感温火灾探测器的火灾报警信号	开启水幕系统控制阀组	
	报警阀压力开关的动作信号与该报警阀防护区域内任一火灾探测器或手动报警按钮的报警信号	启动喷淋泵	
手动控制方式，应将水幕系统相关控制阀组和消防泵控制箱（柜）的启动、停止按钮用专用线路直接连接至设置在消防控制室内的消防联动控制器的手动控制盘，并应直接手动控制消防泵的启动、停止及水幕系统相关控制阀组的开启			

（5）消火栓系统联动控制（图 5-49、表 5-13）。

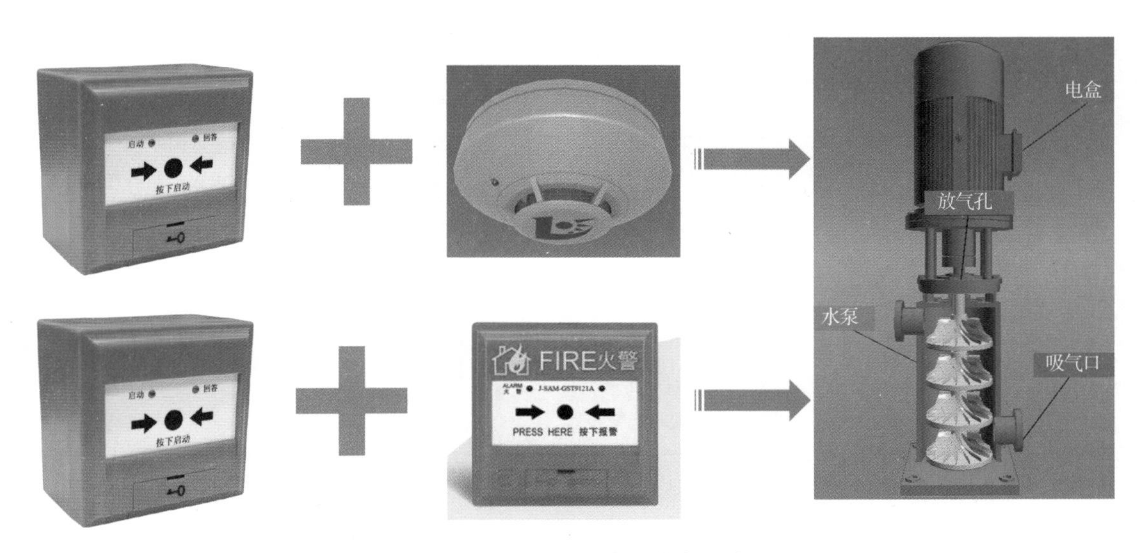

图 5-49　消火栓系统联动控制示意图

表 5-13　消火栓系统常见联动触发信号、联动控制及联动反馈信号

联动触发信号	联动控制	联动反馈信号
消火栓按钮的动作信号与该消火栓按钮所在报警区域内任一火灾探测器或手动报警按钮的报警信号	启动消火栓泵	消火栓泵启动信号
手动控制方式，应将消火栓泵控制箱（柜）的启动、停止按钮用专用线路直接连接至设置在消防控制室内的消防联动控制器的手动控制盘，并应直接手动控制消火栓泵的启动、停止		

（6）气体灭火系统联动控制（图 5-50、表 5-14）。

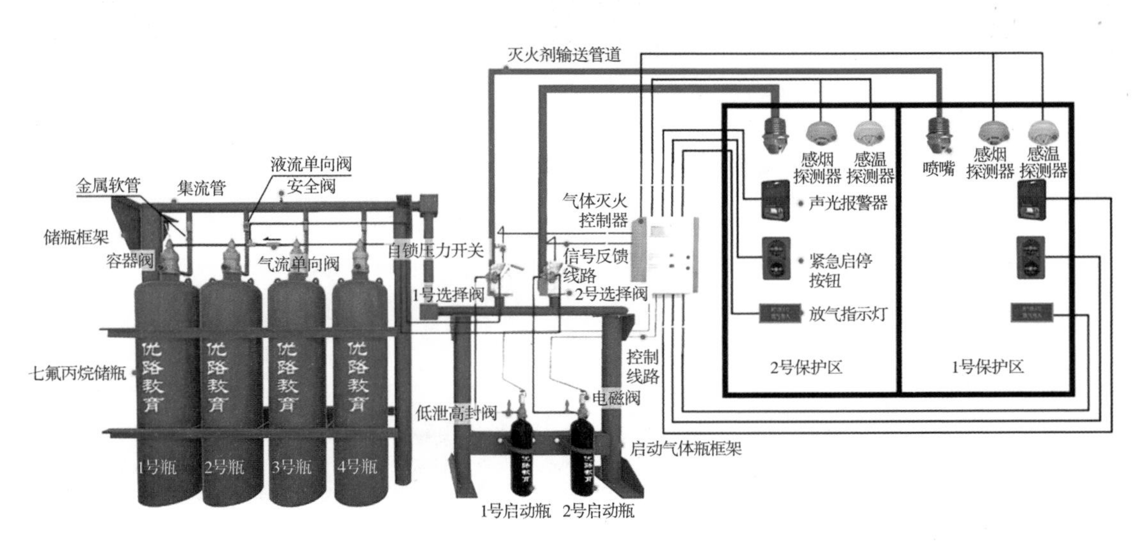

图 5-50　气体灭火系统联动控制示意图

表 5-14　气体灭火系统常见联动触发信号、联动控制及联动反馈信号

联动触发信号	联动控制	联动反馈信号
任一防护区域内设置的感烟火灾探测器、其他类型火灾探测器或手动火灾报警按钮的首次报警信号	启动设置在该防护区内的火灾声光警报器	气体灭火控制器直接连接的火灾探测器的报警信号
同一防护区域内与首次报警的火灾探测器或手动火灾报警按钮相邻的感温火灾探测器、火焰探测器或手动火灾报警按钮的报警信号	关闭防护区域的送风机、排风机及送排风阀门，停止通风和空气调节系统，关闭该防护区域的电动防火阀，启动防护区域开口封闭装置，包括关闭门、窗，启动气体灭火装置，启动入口处表示气体喷洒的火灾声光警报器	选择阀的动作信号，压力开关的动作信号

（7）**防烟系统联动控制**（图 5-51、表 5-15）。

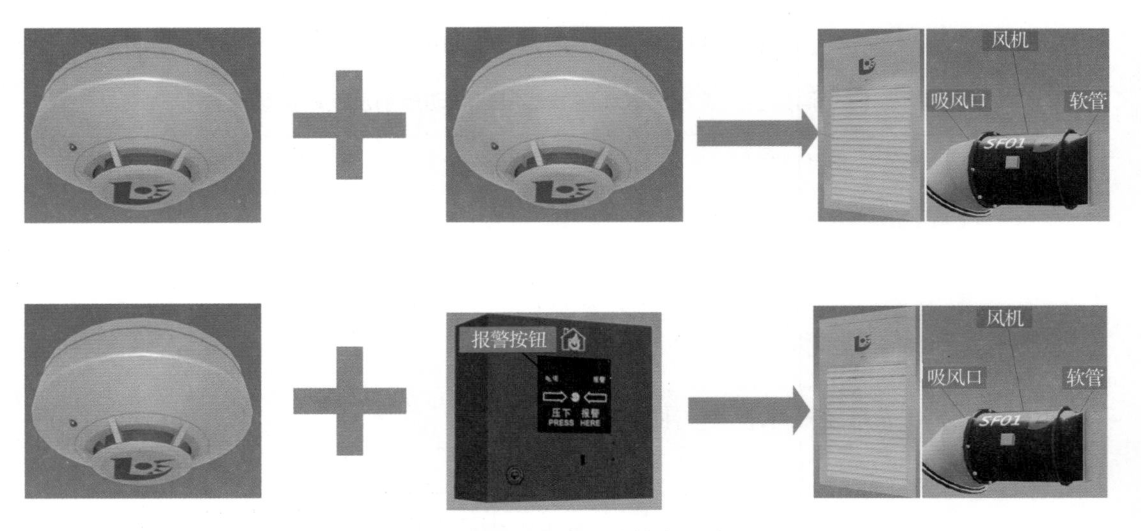

图 5-51　防烟系统联动控制示意图

表 5-15　防烟系统常见联动触发信号、联动控制及联动反馈信号

联动触发信号	联动控制	联动反馈信号
加压送风口所在防火分区内的两只独立的火灾探测器或一只火灾探测器与一只手动火灾报警按钮的报警信号	开启送风口、启动加压送风机	送风口的开启和关闭信号，防烟风机启停信号，电动防火阀关闭动作信号

防烟系统、排烟系统的手动控制方式，应能在消防控制室内的消防联动控制器上手动控制送风口、电动挡烟垂壁、排烟口、排烟窗、排烟阀的开启或关闭及防烟风机、排烟风机等设备的启动或停止，防烟、排烟风机的启动、停止按钮应采用专用线路直接连接至设置在消防控制室内的消防联动控制器的手动控制盘，并应直接手动控制防烟、排烟风机的启动、停止

（8）**排烟系统联动控制**（图 5-52、表 5-16）。

图 5-52　排烟系统联动控制示意图

表 5-16　排烟系统常见联动触发信号、联动控制及联动反馈信号

联动触发信号	联动控制	联动反馈信号
同一防烟分区内的两只独立的火灾探测器报警信号或一只火灾探测器与一只手动火灾报警按钮的报警信号	开启排烟口、排烟窗或排烟阀，停止该防烟分区的空气调节系统	排烟口、排烟窗或排烟阀的开启和关闭信号，排烟风机启停信号
排烟口、排烟窗或排烟阀开启的动作信号与该防烟分区内任一火灾探测器或手动报警按钮的报警信号	启动排烟风机	
同一防烟分区内且位于电动挡烟垂壁附近的两只独立的感烟火灾探测器的报警信号	降落电动挡烟垂壁	/

防烟系统、排烟系统的手动控制方式，应能在消防控制室内的消防联动控制器上手动控制送风口、电动挡烟垂壁、排烟口、排烟窗、排烟阀的开启或关闭及防烟风机、排烟风机等设备的启动或停止，防烟、排烟风机的启动、停止按钮应采用专用线路直接连接至设置在消防控制室内的消防联动控制器的手动控制盘，并应直接手动控制防烟、排烟风机的启动、停止

（9）**防火门系统联动控制**（图 5-53、图 5-54、表 5-17）。

图 5-53　防火门示意图

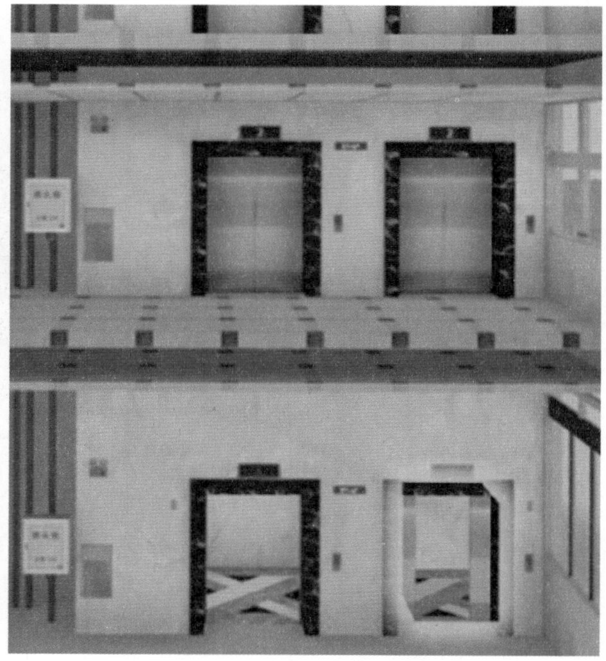

图 5-54　电梯停于首层示意图

表 5-17　防火门系统常见联动触发信号、联动控制及联动反馈信号

联动触发信号	联动控制	联动反馈信号
防火门所在防火分区内的两只独立的火灾探测器或一只火灾探测器与一只手动火灾报警按钮的报警信号	关闭常开防火门	疏散通道上各防火门的开启、关闭及故障状态信号

（10）**电梯联动控制**（表 5-18）。

表 5-18　电梯常见联动触发信号、联动控制及联动反馈信号

联动触发信号	联动控制	联动反馈信号
消防联动控制器发出的联动控制信号	所有电梯停于首层或电梯转换层	电梯运行状态信息和停于首层或转换层的反馈信号

（11）**火灾警报和消防应急广播系统、消防应急照明和疏散指示系统联动控制**（图 5-55、表 5-19）。

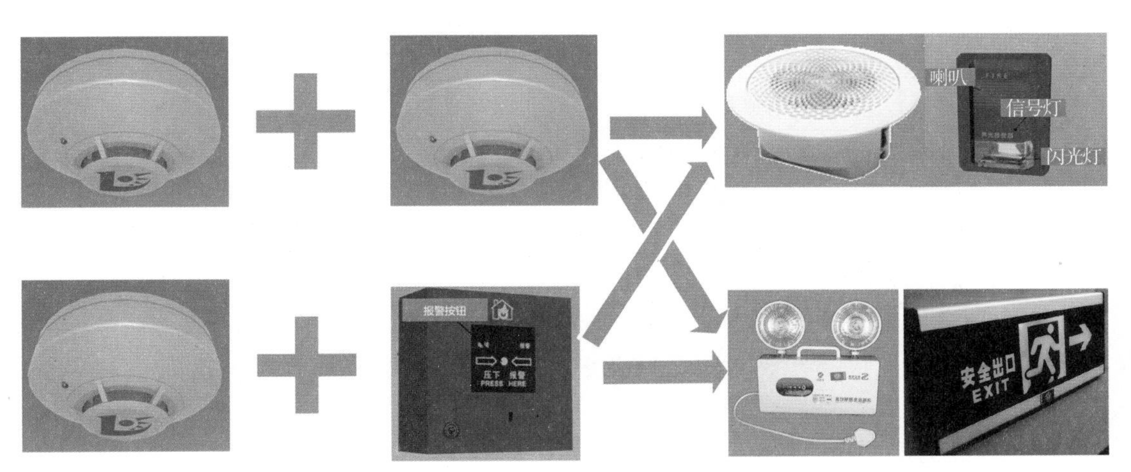

图 5-55　火灾警报和消防应急广播、消防应急照明和疏散指示系统消防联动控制示意图

表 5-19　火灾警报和消防应急广播系统、消防应急照明和疏散指示系统常见联动触发信号、联动控制及联动反馈信号

系统名称	联动触发信号	联动控制	联动反馈信号
火灾警报和消防应急广播系统	同一报警区域内两只独立的火灾探测器或一只火灾探测器与一只手动火灾报警按钮的报警信号	确认火灾后启动建筑内所有火灾声光警报器、启动消防应急广播	消防应急广播分区的工作状态
消防应急照明和疏散指示系统	同一报警区域内两只独立的火灾探测器或一只火灾探测器与一只手动火灾报警按钮的报警信号	确认火灾后，由发生火灾的报警区域开始，顺序启动全楼消防应急照明和疏散指示系统	—

（12）防火卷帘的联动控制设计（图 5-56、表 5-20）。

图 5-56　疏散通道上的防火卷帘联动控制示意图

表 5-20　防火卷帘常见联动触发信号及联动控制

系统名称	联动触发信号	联动控制	备注
疏散通道上	防火卷帘所在防火分区内任两只独立的感烟火灾探测器或任一只专门用于联动防火卷帘的感烟火灾探测器	防火卷帘下降至距楼板面 1.8m 处	在防火卷帘的任一侧距防火卷帘纵深 0.5~5m 内应设置不少于 2 只专门用于联动防火卷帘的感温火灾探测器。手动控制方式，应由防火卷帘两侧设置的手动控制按钮控制防火卷帘的升降
	任一只专门用于联动防火卷帘的感温火灾探测器	防火卷帘下降到楼板面	
非疏散通道上	防火卷帘所在防火分区内任两只独立的火灾探测器	防火卷帘直接下降到楼板面	

第六部分

建筑防烟排烟系统

一、防烟排烟系统的介绍

二、防烟系统

三、排烟系统

一、防烟排烟系统的介绍

防烟系统是指通过采用自然通风方式，防止火灾烟气在楼梯间、前室、避难层（间）等空间内积聚，或通过采用机械加压送风方式阻止火灾烟气侵入楼梯间、前室、避难层（间）等空间的系统，防烟系统分为自然通风系统和机械加压送风系统。

排烟系统是指采用自然排烟或机械排烟的方式，将房间、走道等空间的火灾烟气排至建筑物外的系统，排烟系统分为自然排烟系统和机械排烟系统。

建筑防烟排烟系统如图 6-1 所示，建筑防烟系统和排烟系统立体图如图 6-2、图 6-3 所示。

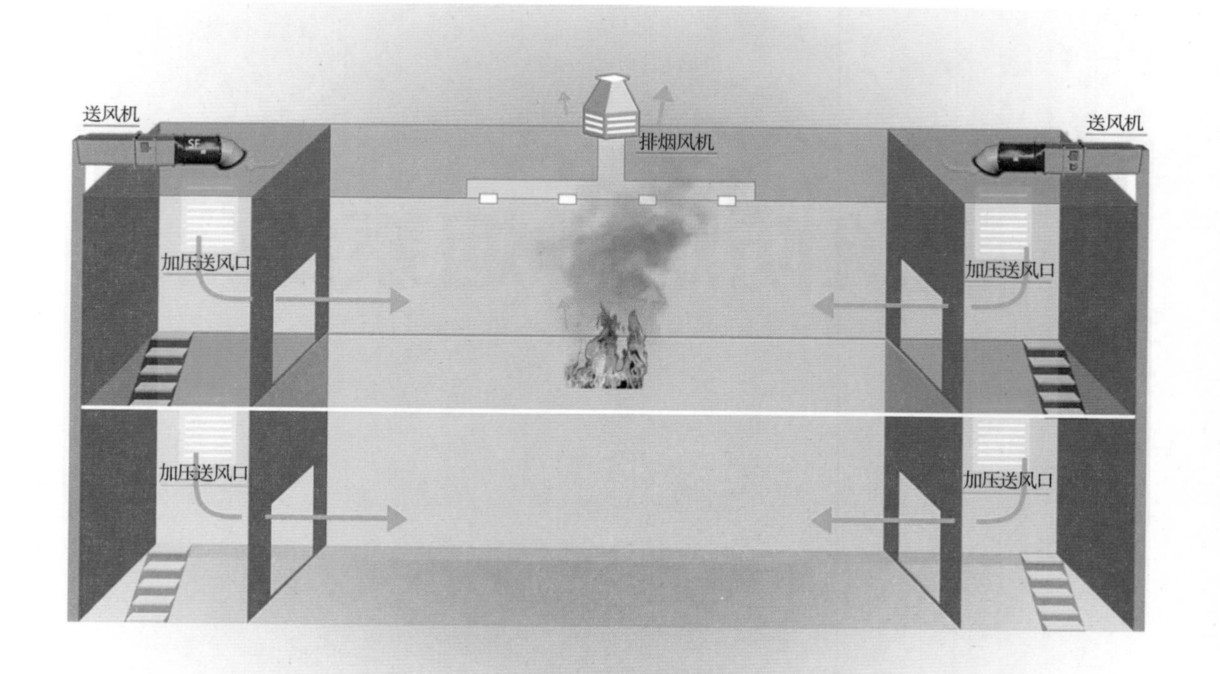

图 6-1　建筑防烟排烟系统示意图

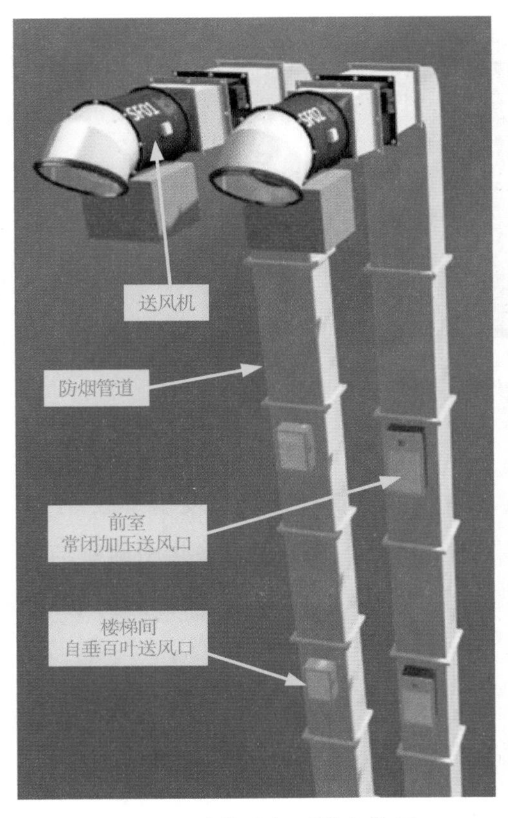

图 6-2　建筑防烟系统立体图

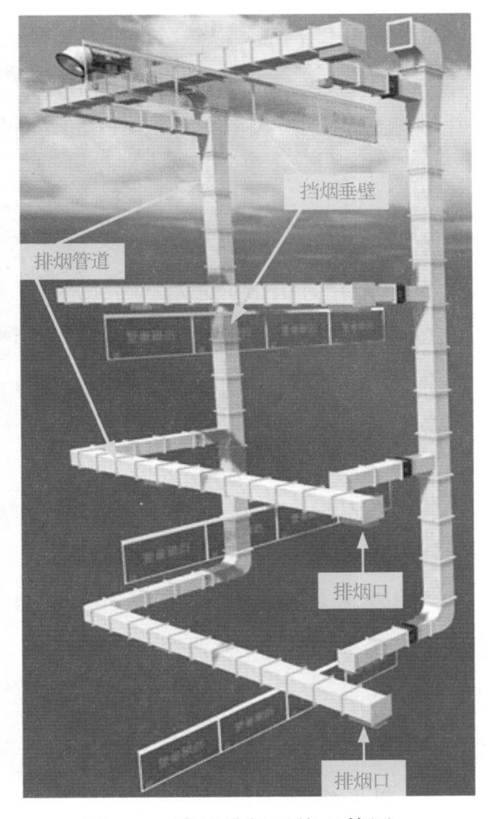

图 6-3　建筑排烟系统立体图

二、防烟系统

1. 自然通风方式防烟

（1）**自然通风方式介绍与工作原理。**自然通风是以热压和风压作用的、不消耗机械动力的、经济的通风方式。如果室内外空气存在温度差或者窗户开口之间存在高度差，则会产生热压作用下的自然通风。当室外气流遇到建筑物时，会产生绕流流动，在气流的冲击下，将在建筑迎风面形成正压区，在建筑屋顶上部和建筑背风面形成负压区，这种建筑物表面所形成的空气静压变化即为风压。当建筑物受到热压、风压同时作用时，外围护结构上的各窗孔就会产生因内外压差引起的自然通风（图 6-4）。

图 6-4　利用可开启外窗自然通风示意图

（2）自然通风方式选择。

1）**建筑高度**小于或等于 50m 的公共建筑、工业建筑**和建筑高度**小于或等于 100m 的住宅建筑，**其防烟楼梯间、独立前室、共用前室、合用前室（除共用前室与消防电梯前室合用外）及消防电梯前室**应采用自然通风系统；**当不能设置自然通风系统时，应采用机械加压送风系统。**

2）防烟系统的选择，尚应符合下列规定：

①当独立前室或合用前室满足下列条件之一时，楼梯间可不设置防烟系统：采用全敞开的阳台或凹廊；设有两个及以上不同朝向的可开启外窗，且独立前室两个外窗面积分别不小于 $2.0m^2$，合用前室两个外窗面积分别不小于 $3.0m^2$。可开启外窗设置要求如图 6-5 所示。

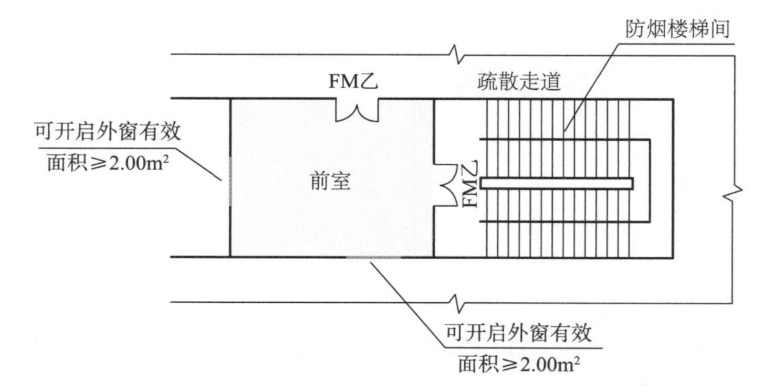

图 6-5　可开启外窗设置要求示意图

②当独立前室、共用前室及合用前室的机械加压送风口设置在前室的顶部或正对前室入口的墙面时，楼梯间可采用自然通风系统（图6-6、图6-7）；当机械加压送风口未设置在前室的顶部或正对前室入口的墙面时，楼梯间应采用机械加压送风系统。

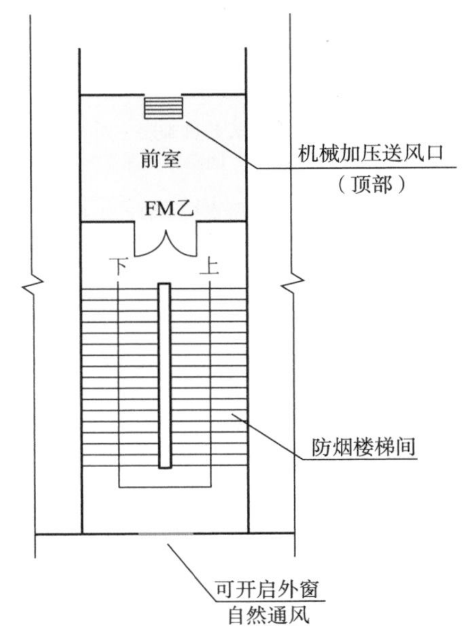

图6-6 机械加压送风口设置在前室顶部示意图

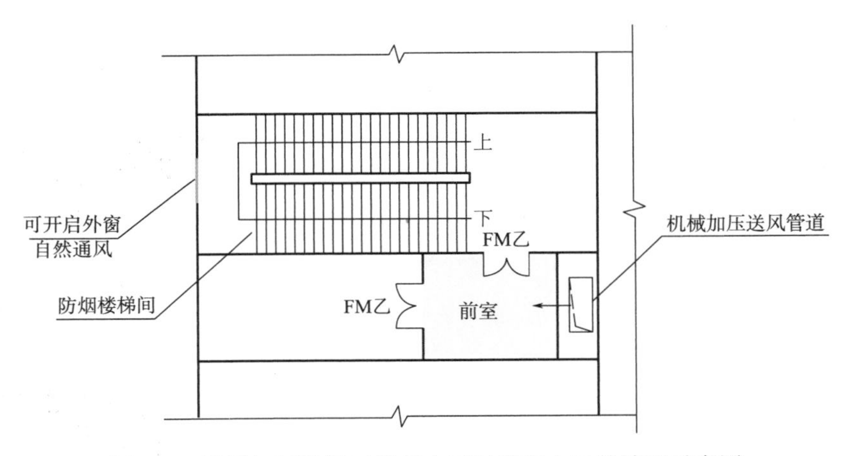

图6-7 机械加压送风口设置在正对前室入口的墙面示意图

（3）自然通风设施的设置要求（表6-1）。

表6-1 自然通风设施设置要求及记忆口诀

序号	设置要求	记忆口诀
1	采用自然通风方式的封闭楼梯间、防烟楼梯间，应在最高部位设置面积不小于1.0m² 的可开启外窗或开口；当建筑高度大于10m时，尚应在楼梯间的外墙上每5层内设置总面积不小于2.0m² 的可开启外窗或开口，且布置间隔不大于3层	5层3层2m²
2	前室采用自然通风方式时，独立前室、消防电梯前室可开启外窗或开口的面积不应小于2.0m²，共用前室、合用前室不应小于3.0m²	23

（续）

序号	设置要求	记忆口诀
3	**采用自然通风方式的避难层（间）应设有不同朝向的可开启外窗，其有效面积不应小于该避难层（间）地面面积的 2%，且每个朝向的面积不应小于于 2.0m²**	22
4	可开启外窗应方便直接开启，设置在高处不便于直接开启的可开启外窗应在距地面高度为 1.3~1.5m 的位置设置手动开启装置	人手高 1.3~1.5m

2. 机械加压送风方式防烟

（1）机械加压送风系统的介绍和工作原理。 机械加压送风方式是通过送风机所产生的气体流动和压力差来控制烟气流动的，即在建筑内发生火灾时，对着火区以外的有关区域进行送风加压，使其保持一定正压，以防止烟气侵入的防烟方式。

为保证疏散通道不受烟气侵害以及人员能安全疏散，发生火灾时，从安全性的角度出发，高层建筑内可分为四个安全区：

第一类安全区为防烟楼梯间、避难层；第二类安全区为防烟楼梯间前室、消防电梯间前室或合用前室；第三类安全区为走道；第四类安全区为房间。

依据上述原则，加压送风时应使防烟楼梯间压力＞前室压力＞走道压力＞房间压力，同时还要保证各部分之间的压差不要过大，以免造成开门困难，从而影响疏散。

（2）机械加压送风系统的主要组件。

1）加压送风机。加压送风机主要用于向楼梯间、前室送风，以维持其与相邻区域间的正压，防止烟气侵入，机械加压送风机宜采用轴流风机或中、低压离心风机（图 6-8~ 图 6-10）。

图 6-8　轴流风机示意图

图 6-9　离心风机示意图

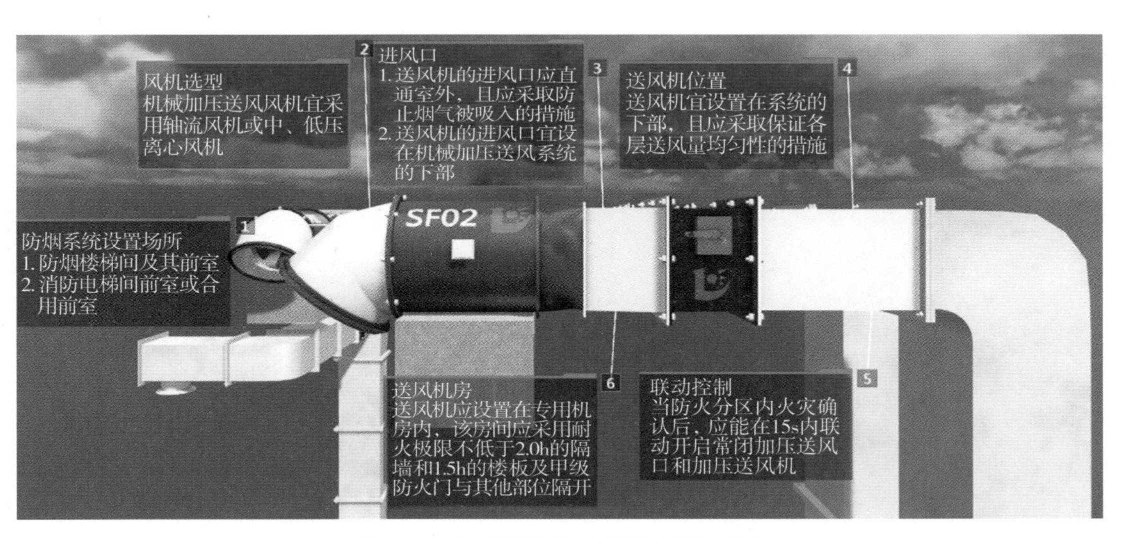

图 6-10　加压送风机示意图（可扫描）

2）加压送风口。

①常开式加压送风口（图 6-11）。用于发生火灾时加压送风，通过加压送风口会源源不断地对楼梯间进行送风，使楼梯间维持正压，保证烟气不会在这个区域蔓延，而给人逃生的空间。“常开式”是指普通的固定叶片式百叶风口。

图 6-11　常开式加压送风口

②常闭式加压送风口（图 6-12）。用于发生火灾时加压送风，通过送风口会源源不断地对前室进行送风，使前室维持正压，保证烟气不会向前室蔓延，常闭式加压送风口常用于前室或合用前室。

图 6-12　常闭式加压送风口

③自垂百叶式加压送风口（图6-13）。直垂百叶式加压送风口平时依靠百叶重力自行关闭，加压时自行开启，常用于防烟楼梯间。

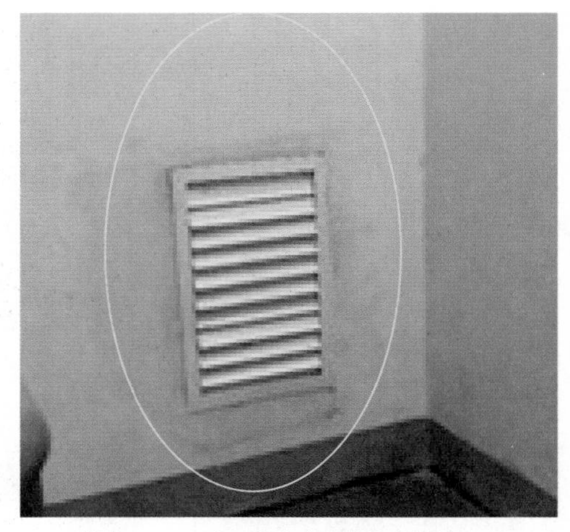

图 6-13　自垂百叶式加压送风口

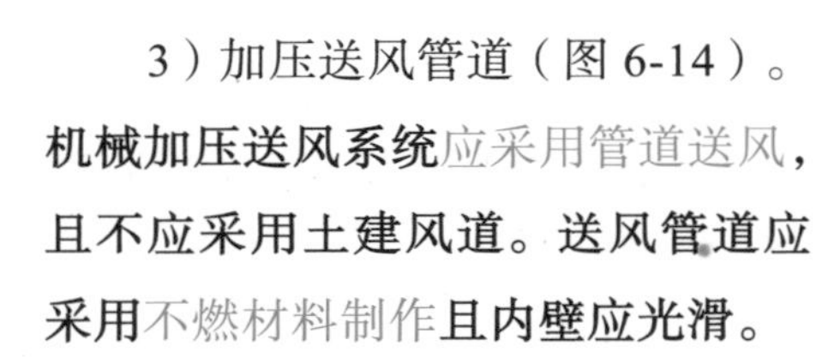

3）加压送风管道（图 6-14）。**机械加压送风系统**应采用管道送风，**且不应采用土建风道。送风管道应采用**不燃材料制作**且内壁应光滑。**

图 6-14　加压送风管道示意图

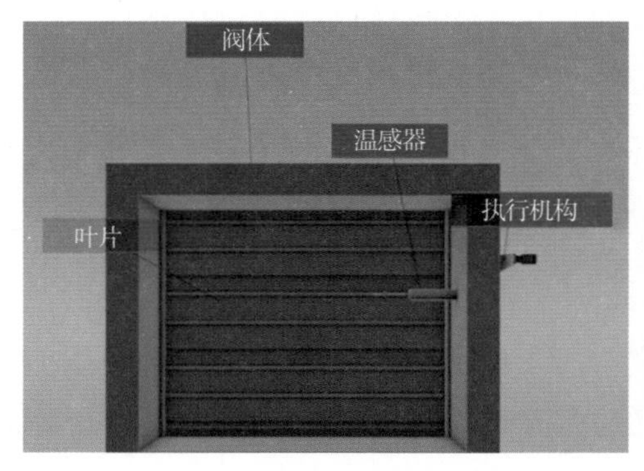

图 6-15　防火阀组成示意图

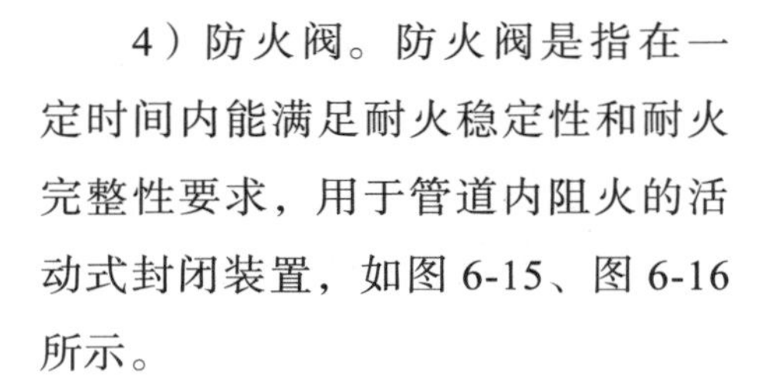

4）防火阀。防火阀是指在一定时间内能满足耐火稳定性和耐火完整性要求，用于管道内阻火的活动式封闭装置，如图 6-15、图 6-16 所示。

图 6-16　防火阀外观图

（3）机械加压送风系统的选择。

1）建筑高度大于 50m 的公共建筑、工业建筑和建筑高度大于 100m 的住宅建筑，其防烟楼梯间、独立前室、共用前室、合用前室及消防电梯前室应采用机械加压送风系统。

2）建筑地下部分的防烟楼梯间前室及消防电梯前室，当无自然通风条件或自然通风不符合要求时，应采用机械加压送风系统。

3）防烟楼梯间及其前室的机械加压送风系统的设置应符合下列规定：

①建筑高度小于或等于 50m 的公共建筑、工业建筑和建筑高度小于或等于 100m 的住宅建筑，当采用独立前室且其仅有一个门与走道或房间相通时（图 6-17），可仅在楼梯间设置机械加压送风系统；当独立前室有多个门时，楼梯间、独立前室应分别独立设置机械加压送风系统（图 6-18）。

②当采用合用前室时，楼梯间、合用前室应分别独立设置机械加压送风系统。

③当采用剪刀楼梯时，其两个楼梯间及其前室的机械加压送风系统应分别独立设置。

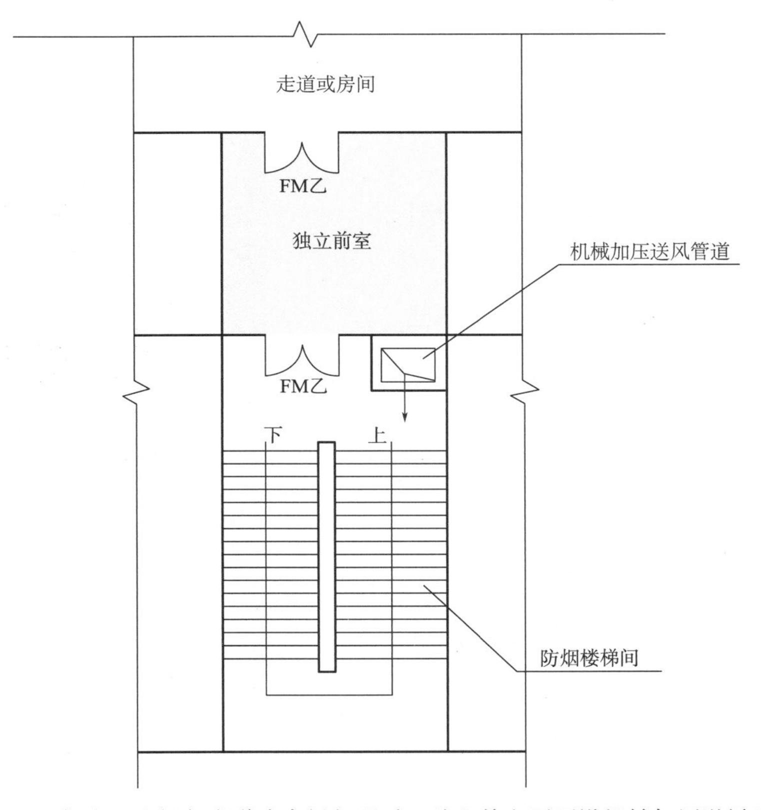

图 6-17　仅有一个门与走道或房间相通时，独立前室可不设机械加压送风系统

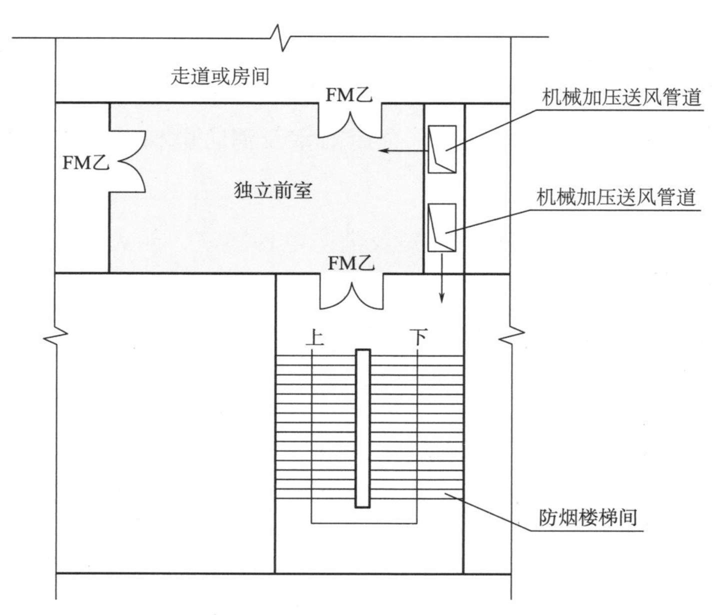

图 6-18　独立前室有多个门与走道或房间相通时，楼梯间、独立前室应分别设置机械加压送风系统

4）建筑高度大于 100m 的建筑，其机械加压送风系统应竖向分段独立设置**，且**每段高度不应超过 100m（图 6-19）。

（4）机械加压送风系统的主要设计参数。

1）加压送风量的选取。**机械加压送风系统的**设计风量**不应小于**计算风量的 1.2 倍。

2）风压的有关规定。机械加压送风机的全压，除计算最不利管道压头损失外，还应有余压。机械加压送风量应满足走廊至前室至楼梯间的压力呈递增分布，余压值应符合下列要求：

①前室、合用前室、消防电梯前室、封闭避难层（间）与走道之间的压差应为 25~30Pa。

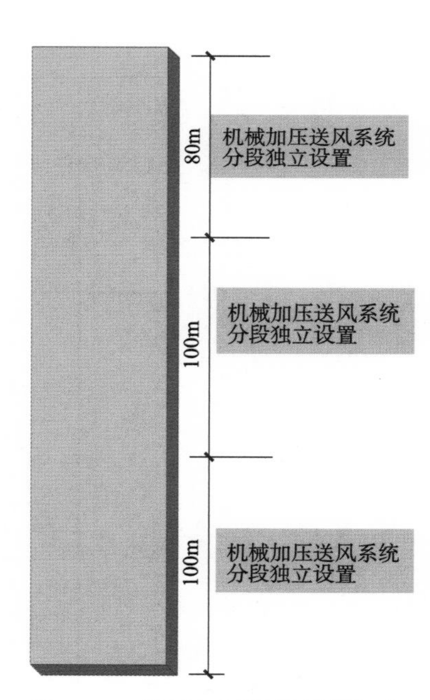

图 6-19　机械加压送风系统竖向分段独立设置示意图

②防烟楼梯间、封闭楼梯间与走道之间的压差应为 40~50Pa。

③当系统余压值超过最大允许压力差时应采取泄压措施。

3）加压送风风速。**当采用金属管道时，管道风速**不应大于 20m/s；**当采用非金属材料管道时，**不应大于 15m/s。加压送风口的风速不宜大于 7m/s。

（5）机械加压送风系统组件的设置要求（表 6-2）。

表 6-2　机械加压送风系统组件的设置要求

加压送风机	风机选型	机械加压送风机宜采用轴流风机或中、低压离心风机
	进风口	（1）送风机的进风口应直通室外，且应采取防止烟气被吸入的措施 （2）送风机的进风口宜设在机械加压送风系统的下部 （3）送风机的进风口不应与排烟风机的出风口设在同一面上。当确有困难时，送风机的进风口与排烟风机的出风口应分开布置，且竖向布置时，送风机的进风口应设置在排烟风机出风口的下方，其两者边缘最小垂直距离不应小于 6.0m；水平布置时，两者边缘最小水平距离不应小于 20.0m 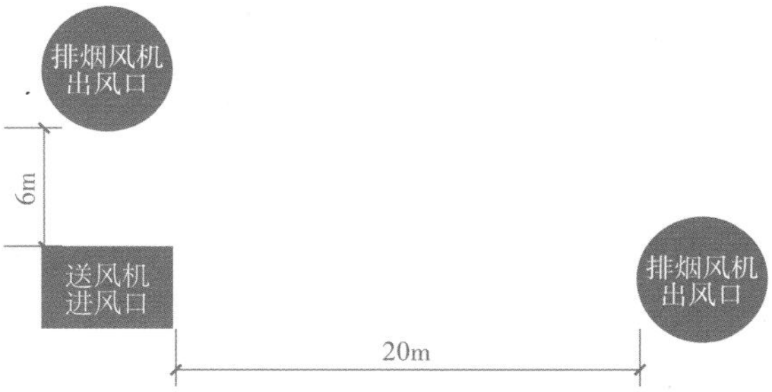 排烟风机出风口 6m 送风机进风口 排烟风机出风口 20m 送风机进风口与排烟风机出风口水平和竖向布置示意图
	位置	送风机宜设置在系统的下部，且应采取保证各层送风量均匀性的措施
	送风机房	送风机应设置在专用机房内，该房间应采用耐火极限不低于 2.00h 的隔墙和 1.50h 的楼板及甲级防火门与其他部位隔开
	风阀	当送风机出风管或进风管上安装单向风阀或电动风阀时，应采取火灾时自动开启阀门的措施
自垂百叶式加压送风口	设计要求	除直灌式加压送风方式外，楼梯间宜每隔 2~3 层设一个常开式百叶送风口；送风口的风速不宜大于 7m/s
常闭式加压送风口	设计要求	前室应每层设一个常闭式加压送风口，并应设手动开启装置；送风口的风速不宜大于 7m/s；防烟系统中任一常闭加压送风口开启时，加压风机应能自动启动
送风管道	设计要求	送风管道应采用不燃烧材料制作，不应采用土建井道。送风管道应独立设置在管道井内，管道井应采用耐火极限不小于 1.00h 的隔墙与相邻部位分隔，当墙上必须设检修门时，应采用乙级防火门
余压阀	设计要求	余压阀是控制压力差的阀门。应在防烟楼梯间与前室、前室与走道之间设置余压阀，控制余压阀两侧正压间的压力差不超过 50Pa

三、排烟系统

1. 规范规定

根据《建筑设计防火规范》（GB 50016—2014）（2018 年版）的规定，下列场所或部位应设置排烟设施：

1）厂房或仓库的下列场所或部位应设置排烟设施。

①人员或可燃物较多的丙类生产场所，丙类厂房内建筑面积大于 300m² 且经常有人停留或可燃物较多的地上房间。

②建筑面积大于 5000m² 的丁类生产车间。

③占地面积大于 1000m² 的丙类仓库。

④高度大于 32m 的高层厂房（仓库）内长度大于 20m 的疏散走道，其他厂房（仓库）内长度大于 40m 的疏散走道。

2）民用建筑的下列场所或部位应设置排烟设施。

①设置在一、二、三层且房间建筑面积大于 100m² 的歌舞娱乐放映游艺场所，设置在四层及以上楼层、地下或半地下的歌舞娱乐放映游艺场所。

②中庭。

③公共建筑内建筑面积大于 100m² 且经常有人停留的地上房间。

④公共建筑内建筑面积大于 300m² 且可燃物较多的地上房间。

⑤建筑内长度大于 20m 的疏散走道。

3）地下或半地下建筑（室）、地上建筑内的无窗房间，当总建筑面积大于 200m² 或一个房间建筑面积大于 50m²，且经常有人停留或可燃物较多时，应设置排烟设施。

应设置排烟设施的场所或部位归纳记忆见表 6-3。

表 6-3 应设置排烟设施的场所或部位归纳记忆

序号	民用建筑	厂房	仓库
1	20m 走道	32m，20m，其他 40m	32m，20m，其他 40m
2	公共建筑，100，人员较多	人、物较多的丙类厂房	

（续）

序号	民用建筑	厂房	仓库
3	民用建筑，300，可燃物多	人员或物较多，且 300 丙厂	
4	歌舞场所，123，100，或 4 地下，中庭	5000，丁车间	占地 1000，丙仓
5	地半，地上无窗，当 S 总 200 或 1 房间 50，且人或物较多		

2. 自然排烟

（1）自然排烟的介绍与原理。自然排烟是充分利用建筑物的构造，在自然力的作用下，即利用火灾产生的热烟气流的浮力和外部风力作用，通过建筑物房间或走道的开口把烟气排至室外的排烟方式，如图 6-20 所示。这种排烟方式的实质是通过室内外空气对流进行排烟，在自然排烟中，必须有冷空气的进口和热烟气的排出口。一般采用可开启外窗以及专门设置的排烟口进行自然排烟，这种排烟方式经济、简单、易操作。自然排烟是简单、不消耗动力的排烟方式，系统无复杂的控制及控制过程，因此，对于满足自然排烟条件的建筑，首先应考虑采取自然排烟方式。

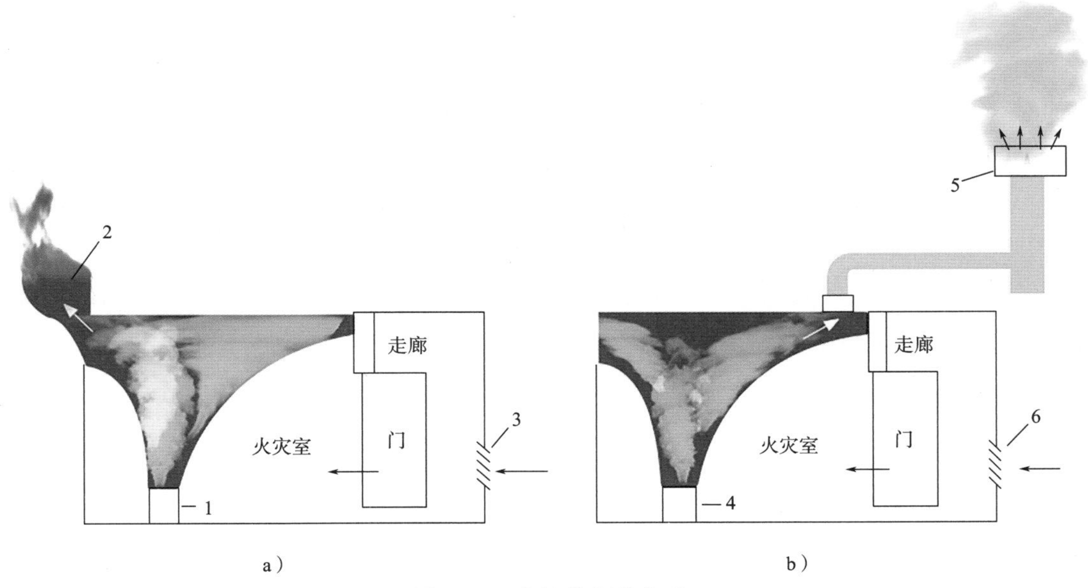

图 6-20　自然排烟的方式

a）窗口排烟　b）竖井排烟

1、4—火源　2—排烟口　3、6—进风口　5—风帽

（2）**自然排烟的选择**。高层建筑受自然条件（如室外风速、风压、风向等）的影响较大，许多场所无法满足自然排烟条件，故一般采用机械排烟方式较多，多层建筑受外部条件影响较小，一般采用自然排烟方式较多。

（3）**自然排烟设施的设置。**

1）排烟窗应设置在排烟区域的顶部或外墙，并应符合下列要求：

①当设置在外墙上时，排烟窗应在储烟仓以内，但走道、室内净高度不大于3m的区域的自然排烟窗可设置在室内净高度的1/2以上，并应沿火灾烟气的气流方向开启。

②根据烟气上升流动的特点，排烟口的位置越高，排烟效果就越好，因此排烟口通常设置在墙壁的上部靠近顶棚处或顶棚上。

2）宜分散均匀布置，每组排烟窗的长度不宜大于3.00m。

3）设置在防火墙两侧的排烟窗之间的水平距离不应小于2.00m（图6-21）。

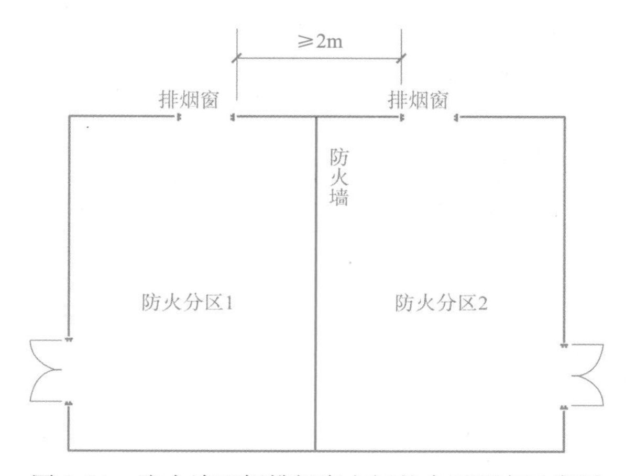

图6-21　防火墙两侧排烟窗之间的水平距离示意图

4）自动排烟窗附近应同时设置便于操作的手动开启装置，手动开启装置距地面高度宜为1.30~1.50m。

5）室内或走道的任一点至防烟分区内最近的排烟窗的水平距离不应大于30m。

3. 机械排烟

（1）**机械排烟系统的介绍和工作原理**。机械排烟系统是由挡烟垂壁（活动式或固定式挡烟垂壁，或挡烟隔墙、挡烟梁）、排烟口（或带有排烟阀的排烟口）、排烟防火阀、排烟道、排烟风机和排烟出口组成的。

当建筑物内发生火灾时，采用机械排烟系统，将房间、走道等空间的烟气排至建筑外。当采用机械排烟系统时，通常由火场人员手动控制或由感烟探测器将火灾信号传递给消防联动控制器，消防联动控制器开启活动的挡烟垂壁将烟气控制在发生火灾的防烟分区内，并打开排烟口随后启动排烟风机，同时关闭空调系统和送风管道内的防火调节阀，防止烟气从空调系统和通风系统蔓延到其他非着火房间（图 6-22）。

图 6-22　机械排烟系统示意图

（2）机械排烟系统的主要组件。

1）排烟风机。排烟风机主要用于在火灾初期排除火灾区域内的烟气，防止火灾随烟气扩散蔓延至其他区域，确保内部人员的疏散。机械排烟系统主要由排烟风机、排烟防火阀、排烟管道组成，如图 6-23 所示。

图 6-23　机械排烟系统组成示意图

2）排烟防火阀。排烟防火阀是安装在机械排烟系统的管道上，平时呈开启状态，火灾时当排烟管道内烟气温度达到 280℃时关闭，并在一定时间内能满足漏烟量和耐火完整性要求，起隔烟阻火作用的阀门，一般由阀体、叶片、执行机构和温感器等部件组成（图 6-24）。

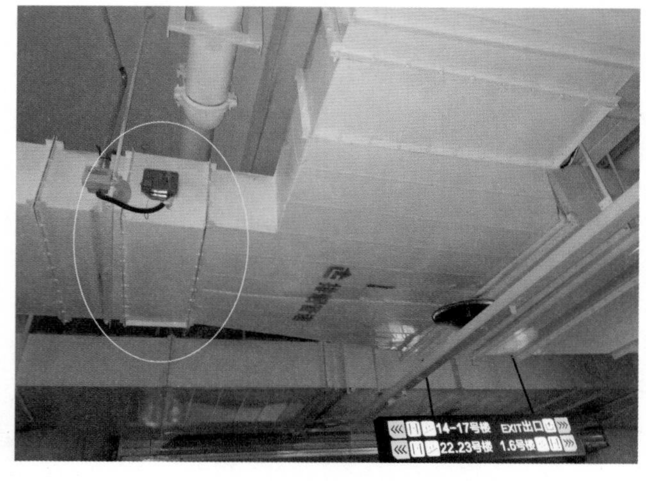

图 6-24　地下车库排烟防火阀示意图

3）排烟阀（口）。

排烟阀是安装在机械排烟系统各支管端部（烟气吸入口，即排烟口）处（图 6-25），平时呈关闭状态并满足漏风量要求，火灾时可手动和电动启闭，起排烟作用的阀门。一般由阀体、叶片、执行机构等部件组成。

图 6-25　排烟阀（口）示意图（可扫描）

4）排烟管道。**机械排烟系统应采用管道排烟，且不应采用土建风道。排烟管道应采用不燃材料制作且内壁应光滑**（图 6-26）。

图 6-26　地下车库排烟管道示意图

图 6-27　挡烟垂壁示意图

5）挡烟垂壁。挡烟垂壁是为了阻止烟气沿水平方向流动而垂直向下吊装在顶棚上的挡烟构件（图 6-27）。挡烟垂壁可采用固定式或活动式，当建筑物净空较高时可采用固定式，将挡烟垂壁长期固定在顶棚上；当建筑物净空较低时，宜采用活动式。挡烟垂壁应使用不燃材料制作，例如钢板、防火玻璃等。活动式挡烟垂壁应由感烟探测器控制，或与排烟口联动，也可以由消防控制中心控制，但同时应能就地手动控制。

（3）机械排烟系统的选择。

1）建筑内应设排烟设施，但不具备自然排烟条件的房间、走道及中庭等，均应采用机械排烟方式。高层建筑主要受自然条件（例如室外风速、风压、风向等）的影响较大，一般采用机械排烟方式较多。

2）除敞开式汽车库、建筑面积小于 $1000m^2$ 的地下一层汽车库和修车库外，汽车库和修车库应设置排烟系统（可选机械排烟系统）。

3）机械排烟系统横向应按每个防火分区独立设置。

4）建筑高度超过 50m 的公共建筑和建筑高度超过 100m 的住宅排烟系统应竖向分段独立设置，**且每段高度，公共建筑**不宜超过 50m，**住宅**不宜超过 100m。

在同一个防烟分区内不应同时采用自然排烟方式和机械排烟方式。

（4）排烟系统设计计算。

1）排烟量的计算。**排烟系统的**设计风量**不应小于该系统**计算风量的 1.2 倍。

除中庭外，下列场所每一个防烟分区的排烟量计算应符合下列规定：

建筑空间净高小于或等于 6m 的场所，其排烟量应按不小于 $60m^3/(h \cdot m^2)$ 计算，且取值不小于 $15000m^3/h$，或设置有效面积不小于该房间建筑面积 2% 的自然排烟窗（口）。

2）排烟风速。**当采用金属风道时，管道风速不应大于** 20m/s；**当采用非金属材料风道时，不应大于** 15m/s。排烟口的风速不宜大于 10m/s。

（5）机械排烟系统的主要组件设置要求。

1）排烟风机设置要求见表 6-4。

表 6-4　排烟风机设置要求

风机选型	排烟风机可选用离心式或轴流排烟风机
性能要求和连锁控制	排烟风机应满足 280℃时连续工作 30min 的要求，排烟风机应与风机入口处的排烟防火阀连锁，当该阀关闭时，排烟风机应能停止运转
设置位置	排烟风机应设置在专用机房内（图 6-28），且风机两侧应有 600mm 以上的空间；宜设置在排烟系统的最高处，烟气出口宜朝上
排烟系统与通风空气调节系统共用的系统	其排烟风机与排风风机的合用机房应符合下列规定： （1）机房内应设置自动喷水灭火系统 （2）机房内不得设置用于机械加压送风的风机与管道 （3）排烟风机与排烟管道的连接部件应能在 280℃时连续 30min 保证其结构完整性

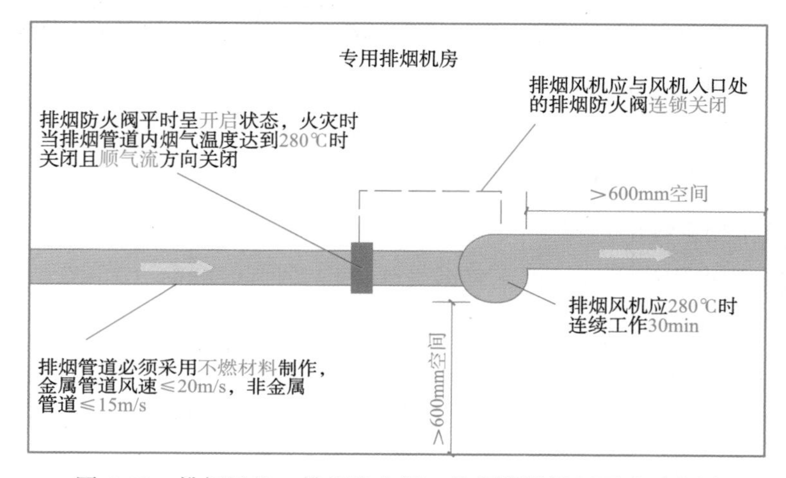

图 6-28　排烟风机、排烟防火阀、排烟管道设置要求示意图

2）排烟防火阀设置要求见表 6-5。

表 6-5　排烟防火阀设置要求

启闭方式	当管内温度达到 280℃时自动关闭，同时排烟风机停机
设置位置	垂直风管与每层水平风管交接处的水平管段上；一个排烟系统负担多个防烟分区的排烟支管上；排烟风机入口处；穿越防火分区处
设计要求	型号、规格及安装的方向、位置应符合设计要求；阀门应顺气流方向关闭，防火分区隔墙两侧的排烟防火阀距墙端面不应大于 200mm

3）排烟阀（口）设置要求见表 6-6。

表 6-6　排烟阀（口）设置要求

水平距离	防烟分区内任一点与最近的排烟口之间的水平距离不应大于 30m
设置位置 1	排烟口宜设置在顶棚或靠近顶棚的墙面上（图 6-29）
设置位置 2	排烟口应设在储烟仓内，但走道、室内空间净高不大于 3m 的区域，其排烟口可设置在其净空高度的 1/2 以上（图 6-29）；当设置在侧墙时，吊顶与其最近边缘的距离不应大于 0.5m
开启方式	火灾时由火灾自动报警系统联动开启排烟区域的排烟阀或排烟口，应在现场设置手动开启装置

（续）

设计要求	排烟口的设置宜使烟流方向与人员疏散方向相反，排烟口与附近安全出口相邻边缘之间的水平距离不应小于 1.5m
风速	排烟口的风速不宜大于 10m/s

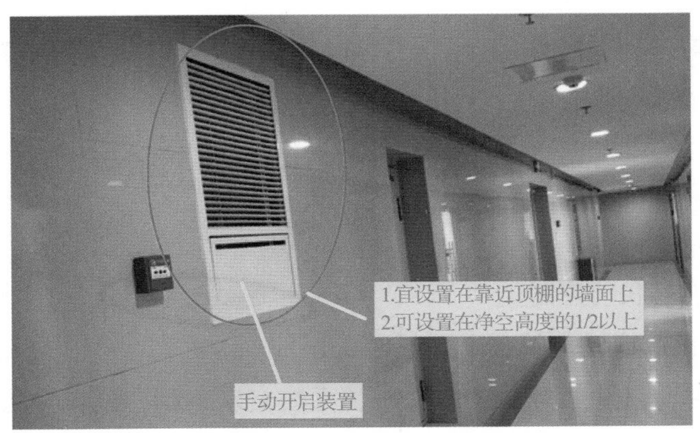

图 6-29　排烟口设置位置和高度示意图

4）排烟管道。排烟管道必须采用不燃材料制作，且不应采用土建风道。管道风速：当采用金属风道时，不应大于 20m/s；当采用非金属风道时，不应大于 15m/s。

5）挡烟垂壁设置要求见表 6-7。

表 6-7　挡烟垂壁设置要求

设置位置	当中庭与周围场所未采用防火隔墙、防火玻璃隔墙、防火卷帘时，中庭与周围场所之间应设置挡烟垂壁
	设置排烟设施的建筑内，敞开楼梯和自动扶梯穿越楼板的开口部应设置挡烟垂壁等设施
分类	分为固定式、活动式
设计要求	挡烟垂壁的有效高度不小于 500mm

4. 补风系统

（1）补风系统的介绍与工作原理。根据空气流动的原理，在排出某一区域空气的同时，需要有另一部分空气补充。当排烟系统排烟时，补风的主要目的是为了形成理想的气流组织，迅速排除烟气，有利于人员的安全疏散和消防救援（图 6-30）。

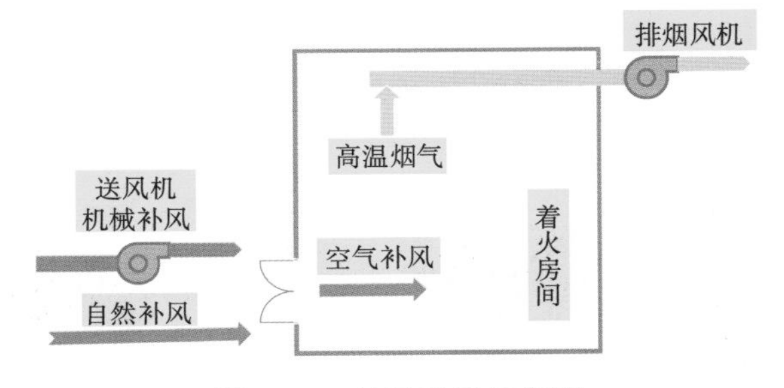

图 6-30　补风系统示意图

（2）补风系统的选择。除地上建筑的走道或建筑面积小于 500m^2 的房间外，设置排烟系统的场所应设置补风系统。

（3）补风系统的主要设计参数。补风系统应直接从室外引入空气，且补风量不应小于排烟量的 50%。

补风系统应与排烟系统联动开启或关闭。机械补风口的风速不宜大于 10m/s，人员密集场所补风口的风速不宜大于 5m/s；自然补风口的风速不宜大于 3m/s。

5. 防烟排烟系统的联动控制

（1）防烟系统的联动控制。

1）加压送风机的启动应符合下列规定：

①现场手动启动；②通过火灾自动报警系统自动启动；③消防控制室手动启动；④系统中任一常闭加压送风口开启时，加压风机应能自动启动。

2）当防火分区内火灾确认后，应能在 15s 内联动开启常闭加压送风口和加压送风机，并应符合下列规定：

①应开启该防火分区楼梯间的全部加压送风机；②应开启该防火分区内着火层及其相邻上下层前室及合用前室的常闭送风口，同时开启加压送风机。

3）联动控制设计。防烟系统的联动控制方式应符合下列规定（图 6-31）：应由加

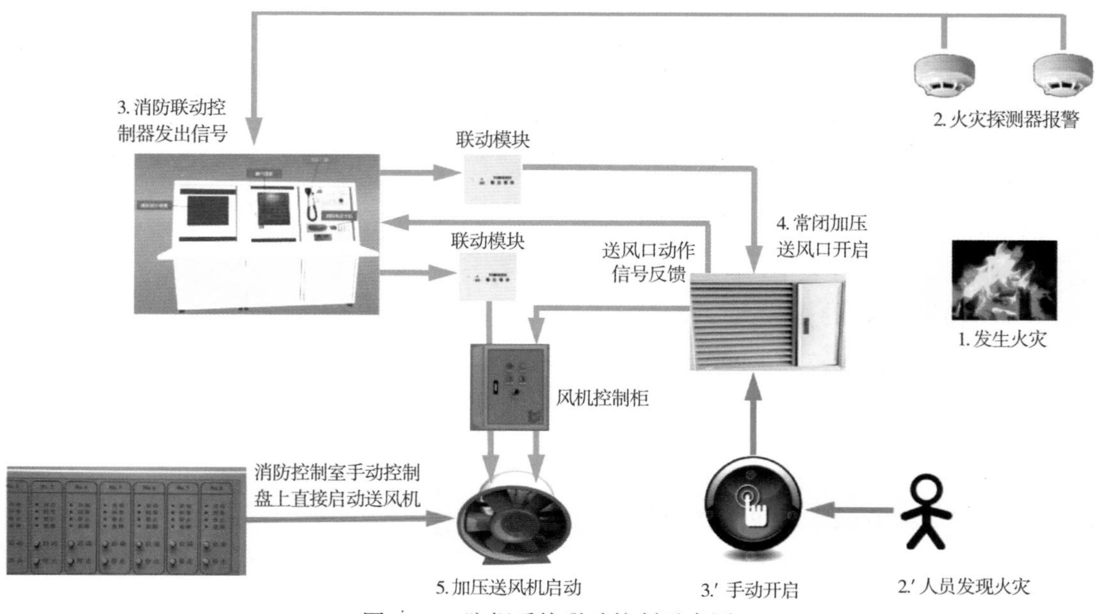

图 6-31 防烟系统联动控制示意图

压送风口所在防火分区内的两只独立的火灾探测器或一只火灾探测器与一只手动火灾报警按钮的报警信号，作为送风口开启和加压送风机启动的联动触发信号，并应由消防联动控制器联动控制相关层前室等需要加压送风场所的加压送风口开启和加压送风机启动。

（2）排烟系统的联动控制。

1）排烟风机、补风机的控制方式应符合下列规定：

①现场手动启动；②火灾自动报警系统自动启动；③消防控制室手动启动；④系统中任一排烟阀或排烟口开启时，排烟风机、补风机自动启动；⑤排烟防火阀在 280℃时应自行关闭，并应连锁关闭排烟风机和补风机。

2）机械排烟系统中的常闭排烟阀或排烟口应具有火灾自动报警系统自动开启、消防控制室手动开启和现场手动开启功能，其开启信号应与排烟风机联动。当火灾确认后，火灾自动报警系统应在 15s 内联动开启相应防烟分区的全部排烟阀、排烟口、排烟风机和补风设施，并应在 30s 内自动关闭与排烟无关的通风、空调系统。

3）联动控制设计。排烟系统的联动控制方式应符合下列规定（图 6-32）：

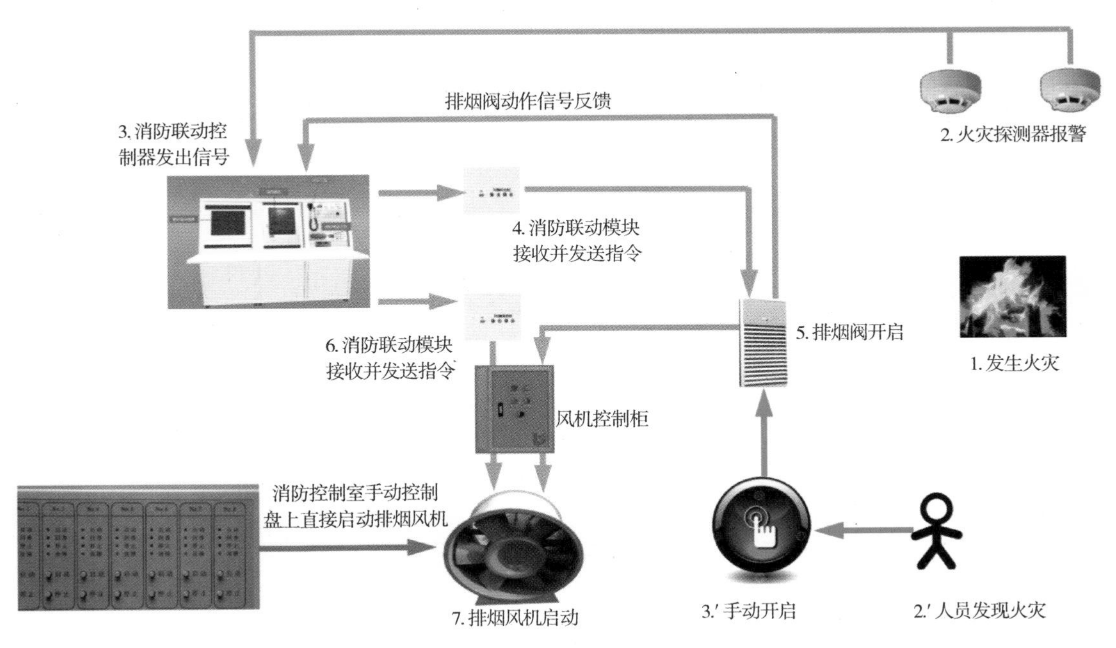

图 6-32　排烟系统联动控制示意图

①应由同一防烟分区内的两只独立的火灾探测器的报警信号，作为排烟口、排烟窗或排烟阀开启的联动触发信号，并应由消防联动控制器联动控制排烟口、排烟窗或

排烟阀的开启，同时停止该防烟分区的空气调节系统。

②应由排烟口、排烟窗或排烟阀开启的动作信号，作为排烟风机启动的联动触发信号，并应由消防联动控制器联动控制排烟风机的启动。

③应由同一防烟分区内且位于电动挡烟垂壁附近的两只独立的感烟火灾探测器的报警信号，作为电动挡烟垂壁降落的联动触发信号，并应由消防联动控制器联动控制电动挡烟垂壁的降落（图 6-33）。

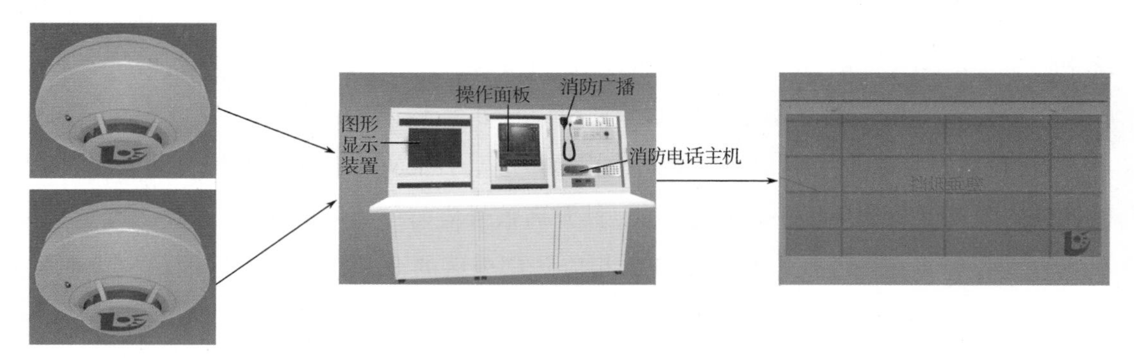

图 6-33　挡烟垂壁联动控制示意图

第七部分

建筑灭火器

一、灭火器的分类与展示
二、灭火器的型号编制
三、灭火器的构造
四、灭火器的灭火机理与适用范围
五、灭火器配置场所的危险等级
六、灭火器的配置

一、灭火器的分类与展示

灭火器的分类与展示见表 7-1。

表 7-1　灭火器的分类与展示

序号	分类依据	类型
1	移动方式	手提式和推车式（图 7-1）
2	动力来源	储气瓶式和储压式
3	灭火剂	水基型泡沫灭火器、干粉灭火器、二氧化碳灭火器、洁净气体灭火器（图 7-2）

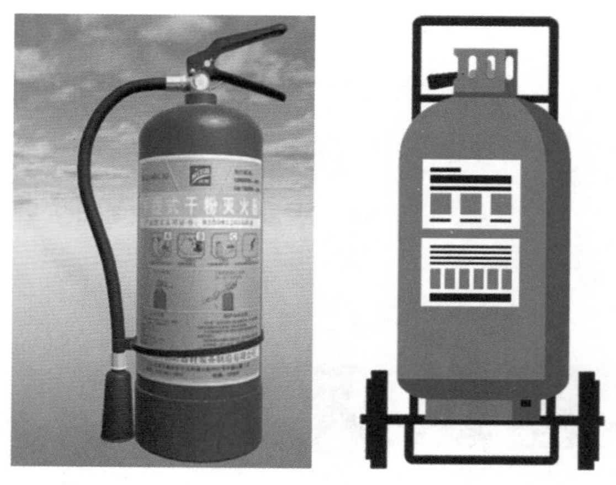

图 7-1　灭火器的分类——手提式和推车式示意图（可扫描）

图 7-2　灭火器的分类——干粉灭火器、二氧化碳灭火器、水基型泡沫灭火器和洁净气体灭火器

二、灭火器的型号编制

灭火器的型号编制如图 7-3 所示。

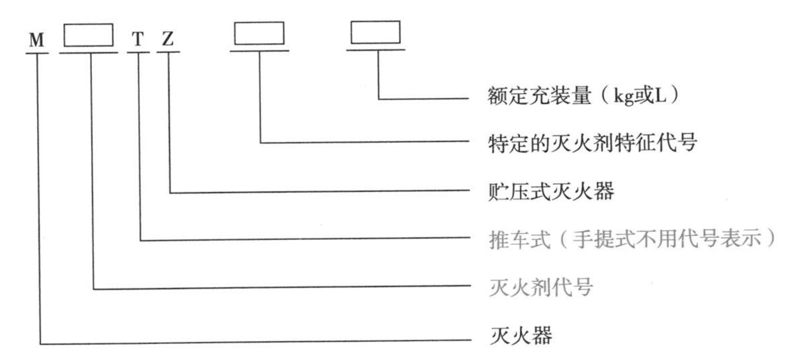

图 7-3 灭火器的型号编制

灭火器型号表示方法（表 7-2）。

第一位：表示灭火器，用 M 表示。

第二位：灭火剂代号，F——干粉灭火剂；T——二氧化碳灭火剂，具体见表 7-2。

表 7-2 灭火器型号表示方法

分类	灭火剂代号	灭火剂代号含义	特定的灭火剂特征代号	特征代号含义
水基型灭火器	S	清水或带添加剂的水，但不具有发泡倍数和 25% 析液时间要求	AR（不具有此性能不写）	具有扑灭水溶性液体燃料火灾的能力
	P	泡沫灭火剂，具有发泡倍数和 25% 析液时间要求	AR（不具有此性能不写）	具有扑灭水溶性液体燃料火灾的能力
干粉灭火器	F	干粉灭火剂。包括：BC 型和 ABC 型干粉灭火剂	ABC（BC 干粉灭火剂不写）	具有扑灭 A 类火灾的能力
二氧化碳灭火器	T	二氧化碳灭火剂	—	
洁净气体灭火器	J	洁净气体灭火剂。包括：卤代烷烃类气体灭火剂、惰性气体灭火剂和混合气体灭火剂等	—	

第三位：灭火器结构特征的代号，手提式、推车式分别用 S、T 表示。

第四位：贮压式灭火器。

第五位：特定的灭火剂特征代号（例如 ABC/BC）。

第六位：型号最后面的阿拉伯数字代表灭火剂质量或容积，一般单位为 kg 或 L，水型、泡沫灭火器用 L 表示，干粉、二氧化碳灭火器用 kg 表示。国家标准规定，灭火器型号应以汉语拼音大写字母和阿拉伯数字标于筒体。

灭火器的型号编制举例见表 7-3。

表 7-3　灭火器的型号编制举例

灭火器型号	释义
MF/ABC2	2kgABC 干粉灭火器
MFT50	50kg 推车式（碳酸氢钠）干粉灭火器

三、灭火器的构造

灭火器配件主要由灭火器筒体、阀门（俗称器头）、灭火剂、保险销、虹吸管、密封圈和压力指示器（二氧化碳灭火器除外）等组成。

1. 手提式灭火器

手提贮压式灭火器主要由筒体、阀门、喷（头）管、保险销、灭火剂、驱动气体（一般为氮气，与灭火剂一起充装在灭火器筒体内，额定压力一般在 1.2~1.5MPa）、压力表以及铭牌等组成（图 7-4）。在待用状态下，灭火器内驱动气体的压力通过压力表显示出来，以便判断灭火器是否失效。

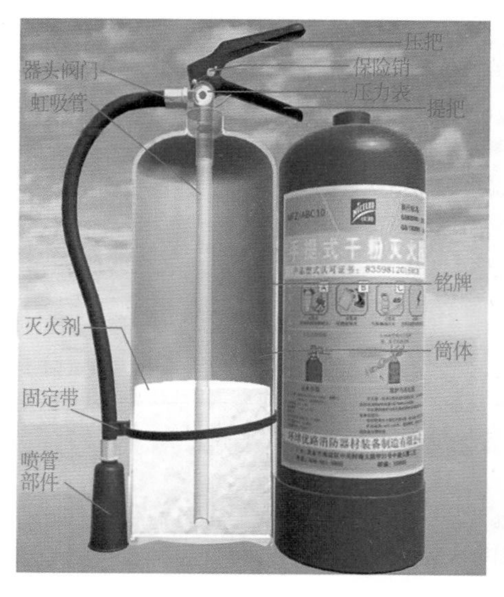

图 7-4　手提储压式灭火器结构和部件分解图

使用手提式干粉灭火器时，应手提灭火器的提把或肩扛灭火器到火场（图 7-5）。在距燃烧物 3m 左右，放下灭火器，先拔出保险销，一手握住开启压把，另一手握在喷射软管前端的喷嘴处。如果灭火器无喷射软管，则可一手握住开启压把，另一手扶住灭火器底部的底圈部分。先将喷嘴对准燃烧处，用力握紧开启压把，对准火焰根部扫射。在使用干粉灭火器灭火的过程中要注意，如果在室外，则应尽量选择在上风方向。

手提式二氧化碳灭火器的结构与其他手提式灭火器的结构基本相似，只是二氧化碳灭火器的充装压力较大，取消了压力表，增加了安全阀（图 7-6）。判断二氧化碳灭火器是否失效一般采用称重法。标准要求二氧化碳灭火器每年至少检查一次，低于额定充装量的 95% 就应进行检修。

图 7-5　手提式干粉灭火器灭火示意图

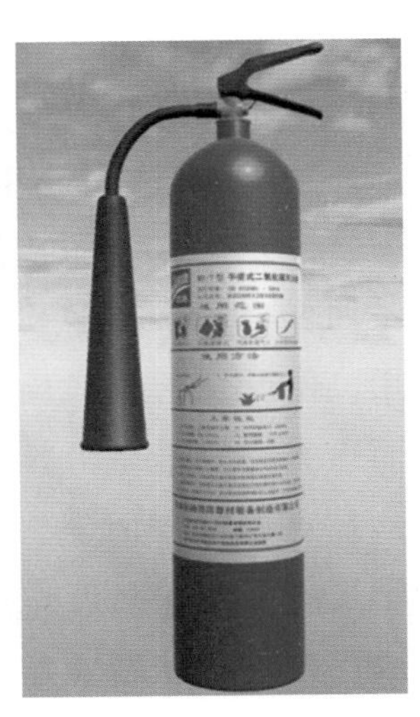

图 7-6　手提式二氧化碳灭火器（可扫描）

2. 推车式灭火器

推车式灭火器主要由灭火器筒体、阀门机构、喷管喷枪、车架、灭火剂、驱动气体（一般为氮气，与灭火剂一起密封在灭火器筒体内）、压力表及铭牌等组成。铭牌的内容与手提式灭火器的铭牌内容基本相同。

推车式灭火器一般由两人配合操作，使用时两人一起将灭火器推或拉到燃烧处，在距燃烧物 10m 左右停下，一人快速取下喷枪（二氧化碳灭火器为喇叭筒）并展开喷射软管，然后握住喷枪（二氧化碳灭火器为喇叭筒根部的手柄），另一人快速按逆时针方向旋动手轮，并开到最大位置。灭火方法和注意事项与手提式灭火器基本一致。

四、灭火器的灭火机理与适用范围

1. 干粉灭火器

一是靠干粉中的无机盐的挥发性分解物，与燃烧过程中燃料所产生的自由基或活性基团发生化学抑制和催化作用，使燃烧的链式反应中断而灭火；二是靠干粉的粉末落在可燃物表面外，发生化学反应，并在高温作用下形成一层玻璃状覆盖层，从而隔绝氧气，进而窒息灭火。另外，还有部分稀氧和冷却作用（图 7-7）。

图 7-7　干粉喷射灭火效果图

2. 二氧化碳灭火器

灭火时，二氧化碳气体可以排除空气而包围在燃烧物体的表面或分布于较密闭的空间中，降低可燃物周围和防护空间内的氧浓度，产生窒息作用而灭火。另外，二氧化碳从储存容器中喷出时，会由液体迅速汽化成气体，从而从周围吸收部分热量，起到冷却的作用。

3. 灭火器的适用范围（表 7-4）。

表 7-4　灭火器的适用范围

火灾种类	适用的灭火器
A 类火灾	水型灭火器、磷酸铵盐干粉灭火器、泡沫灭火器或卤代烷灭火器
B 类火灾	泡沫灭火器、碳酸氢钠干粉灭火器、磷酸铵盐干粉灭火器、二氧化碳灭火器、灭 B 类火灾的水型灭火器或卤代烷灭火器。极性溶剂的 B 类火灾场所应选择灭 B 类火灾的抗溶性灭火器
C 类火灾	磷酸铵盐干粉灭火器、碳酸氢钠干粉灭火器、二氧化碳灭火器或卤代烷灭火器
D 类火灾	扑灭金属火灾的专用灭火器
E 类火灾	磷酸铵盐干粉灭火器、碳酸氢钠干粉灭火器、卤代烷灭火器或二氧化碳灭火器，但不得选用装有金属喇叭喷筒的二氧化碳灭火器

五、灭火器配置场所的危险等级

1. 工业建筑灭火器配置场所的危险等级举例

（1）原则上将甲、乙类物品生产场所和甲、乙类物品储存场所列入严重危险级；将丙类物品生产场所和丙类物品储存场所列入中危险级；将丁、戊类物品生产场所和丁、戊类物品储存场所列入轻危险级。其对应关系见表 7-5。

表 7-5　危险等级对应场所关系举例

危险等级 / 场所	严重危险级	中危险级	轻危险级
厂房	甲、乙类物品生产场所	丙类物品生产场所	丁、戊类物品生产场所
库房	甲、乙类物品储存场所	丙类物品储存场所	丁、戊类物品储存场所

（2）需要特殊记忆。

严重危险级：棉花库房及散装堆场；稻草、芦苇、麦秸等堆场；各工厂的总控制室、分控制室；酒精度为 60 度以上的白酒库房；国家和省级重点工程施工现场。

中危险级：电缆廊道；酒精度小于 60 度的白酒库房；地市级及以下重点工程的施工现场。

2. 民用建筑灭火器配置场所的危险等级举例（表 7-6）

表 7-6 民用建筑灭火器配置场所的危险等级举例

严重危险级	中危险级
1. 县级及以上的文物保护单位、档案馆、博物馆的库房、展览室、阅览室	县级以下
2. 设备贵重或可燃物多的实验室	一般
3. 广播电台、电视台的演播室、道具间和发射塔楼	会议室、资料室
4. 专用电子计算机房	中危险级：设有电子计算机的办公室；轻危险级：未设电子计算机的普通办公室
5. 城镇及以上的邮政信函和包裹分捡房、邮袋库、通信枢纽及其电信机房	城镇以下
6. 客房数在 50 间以上的旅馆、饭店的公共活动用房、多功能厅、厨房	中危险级：以下；轻危险级：旅馆、饭店的客房
7. 体育场（馆）、电影院、剧院、会堂、礼堂的舞台及后台部位	观众厅
8. 住院床位在 50 张及以上的医院的手术室、理疗室、透视室、心电图室、药房、住院部、门诊部、病历室	以下
9. 建筑面积在 2000m² 及以上的图书馆、展览馆的珍藏室、阅览室、书库、展览厅	以下
10. 民用机场的候机厅、安检厅及空管中心、雷达机房	检票厅、行李厅
11. 超高层建筑和一类高层建筑的写字楼、公寓楼	二类高层
12. 电影、电视摄影棚	中危险级：高级住宅、别墅；轻危险级：普通住宅
13. 建筑面积在 1000m² 及以上的经营易燃易爆化学物品的商场、商店的库房及铺面	以下
14. 建筑面积在 200m² 及以上的公共娱乐场所	以下
15. 老人住宿床位在 50 张及以上的养老院	以下
16. 幼儿住宿床位在 50 张及以上的托儿所、幼儿园	以下
17. 学生住宿床位在 100 张及以上的学校集体宿舍	以下
18. 县级及以上的党政机关办公大楼的会议室	以下
19. 建筑面积在 500m² 及以上的车站和码头的候车（船）室、行李房	以下
20. 城市地下铁道、地下观光隧道	学校教室、教研室
21. 汽车加油站、加气站	民用燃气燃油锅炉房
22. 民用液化气、天然气灌装站、换瓶站、调压站	民用油浸变压器室和高、低压配电室
23. 机动车交易市场（包括旧机动车交易市场）及其展销厅	百货楼、超市等

注意：表 7-6 中第 21、22 项严重危险级和中危险级理解记忆规律：汽车加油站、加气站、民用液化气、天然气灌装站、换瓶站、调压站等具有较大规模存储“油、气”的场所，而民用燃气燃油锅炉房、民用油浸变压器室和高、低压配电室使用“油、气”的量很少（图 7-8）。

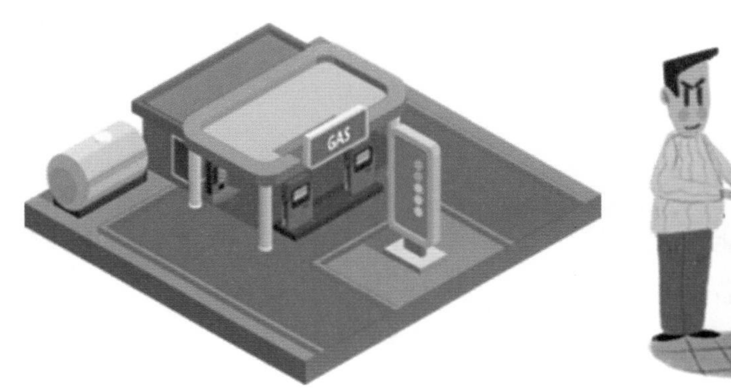

图 7-8　加油站及民用燃油燃气锅炉房示意图

六、灭火器的配置

1. 灭火器的设置

灭火器的摆放应稳固，其铭牌应朝外（图 7-9）。手提式灭火器宜设置在灭火器箱内或挂钩、托架上，其顶部离地面高度不应大于 1.50m，底部离地面高度不宜小于 0.08m（图 7-10）。灭火器箱不应上锁。

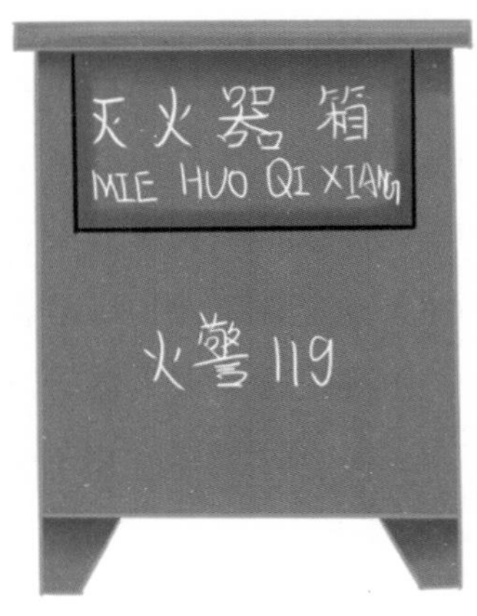

图 7-9　灭火器箱示意图

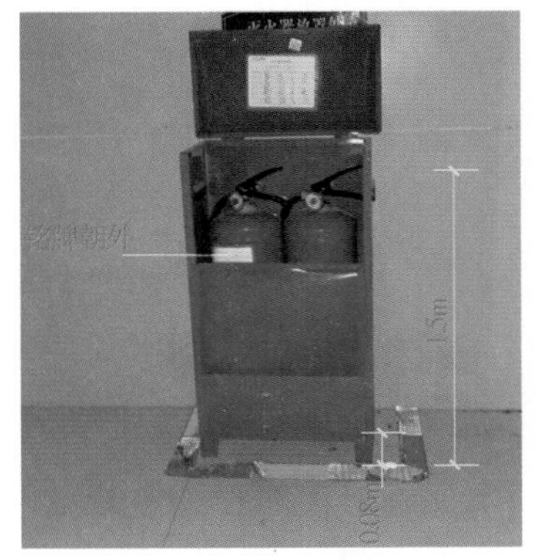

图 7-10　手提式灭火器设置高度示意图

2. 灭火器的选择应考虑下列因素

（1）灭火器配置场所的火灾种类。

（2）灭火器配置场所的危险等级。

（3）灭火器的灭火效能和通用性。

（4）灭火剂对保护物品的污损程度。

（5）灭火器设置点的环境温度。

（6）使用灭火器人员的体能。

3. 灭火器配置场所的配置设计计算

（1）确定各灭火器配置场所的火灾种类和危险等级。

（2）划分计算单元，计算各单元的保护面积。

（3）计算各单元的最小需配灭火级别。

（4）确定各单元内的灭火器设置点的位置和数量。

（5）计算每个灭火器设置点的最小需配灭火级别。

（6）确定各单元和每个设置点的灭火器的类型、规格与数量。

（7）确定每具灭火器的设置方式和要求。

（8）一个计算单元**内的灭火器数量**不应少于 2 **具，**每个设置点**的灭火器数量**不宜多于 5 具。

（9）在工程设计图上，用灭火器图例和文字标明灭火器的类型、规格、数量与设置位置。

4. 灭火器配置场所计算单元的划分

（1）计算单元划分。应按以下规定划分：

1）灭火器配置场所的危险等级和火灾种类均相同的相邻场所，可将一个楼层或一个防火分区作为一个计算单元。

2）灭火器配置场所的危险等级或火灾种类不相同的场所，应分别作为一个计算单元（图 7-11）。

3）同一计算单元不得跨越防火分区和楼层。

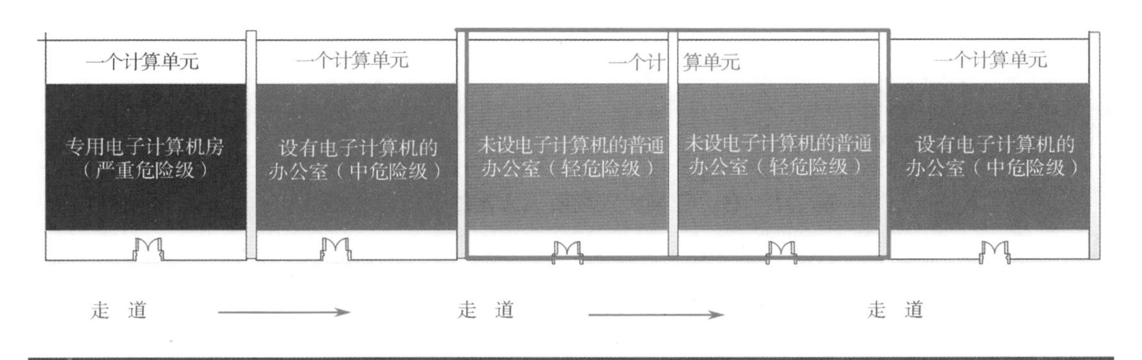

图 7-11　同一楼层灭火器计算单元划分示意图

（2）计算单元保护面积（S）的计算。

在划分灭火器配置场所后，还需对保护面积进行计算。对灭火器配置场所（单元）的灭火器保护面积进行计算，规定如下：

1）建筑物应按其建筑面积进行计算。

2）可燃物露天堆场，甲、乙、丙类液体储罐区，可燃气体储罐区按堆垛和储罐的占地面积进行计算。

5. 计算单元的最小需配灭火级别的计算

在确定了计算单元的保护面积后，应根据式（7-1）计算该单元应配置的灭火器的最小灭火级别，即：

$$Q=K\frac{S}{U} \tag{7-1}$$

式中　Q——计算单元的最小需配灭火级别（A 或 B）；

S——计算单元的保护面积（m^2）；

U——A 类或 B 类火灾场所单位灭火级别最大保护面积（m^2/A 或 m^2/B）；

K——修正系数。

（1）火灾场所单位灭火级别的最大保护面积依据火灾危险等级和火灾种类从表 7-7 或表 7-8 中选取。

表 7-7　A 类火灾场所灭火器的最低配置基准

危险等级	严重危险级	中危险级	轻危险级
单具灭火器最小配置灭火级别	3A	2A	1A
单位灭火级别最大保护面积 /（m^2/A）	50	75	100

表 7-8　B、C 类火灾场所灭火器的最低配置基准

危险等级	严重危险级	中危险级	轻危险级
单具灭火器最小配置灭火级别	89B	55B	21B
单位灭火级别最大保护面积 /（m^2/A）	0.5	1.0	1.5

举例见表 7-9。

表 7-9　一类、二类高层建筑的写字楼、公寓楼（分别属于严重危险级、中危险级）对于每具 ABC 干粉灭火器的要求

灭火器充装量	灭火器类型规格代码	灭火级别	单具灭火器最低配置基准和最大保护面积
1	MF/ABC1	1A	
2	MF/ABC2	1A	
3	MF/ABC3	2A	二类高层建筑的写字楼、公寓楼的单具灭火器最低配置基准，最大保护面积为：$2\times75=150$（m^2）
4	MF/ABC4	2A	
5	MF/ABC5	3A	一类高层建筑的写字楼、公寓楼的单具灭火器最低配置基准，最大保护面积为：$3\times50=150$（m^2）
6	MF/ABC6	3A	
8	MF/ABC8	4A	

（2）修正系数值按表 7-10 中的规定取值。

表 7-10　修正系数

计算单元	K	备注
未设室内消火栓系统和灭火系统	1.0	
设有室内消火栓系统	0.9	配置场所灭火器减配（修正系数小于 1.0）是因为有了更多的灭火系统保护
设有灭火系统	0.7	
设有室内消火栓系统和灭火系统	0.5	
可燃物露天堆场，甲、乙、丙类液体储罐区，可燃气体储罐区	0.3	配置场所的特点是占地面积很大

（3）歌舞娱乐放映游艺场所、网吧、商场、寺庙以及地下场所等的计算单元的最小需配灭火级别应在式（7-1）计算结果的基础上增加30%。

6. 计算单元中每个灭火器设置点的最小需配灭火级别计算

计算单元中每个灭火器设置点的最小需配灭火级别按式（7-2）进行计算，即

$$Q_e=\frac{Q}{N} \tag{7-2}$$

式中　Q_e——计算单元中每个灭火器设置点的最小需配灭火级别（A或B）；

N——计算单元中的灭火器设置点数（个）。

7. 灭火器设置点的确定

计算单元中的灭火器设置点的位置和数量应依据火灾的危险等级、灭火器类型（手提式或推车式）按不大于表7-11、表7-12规定的最大保护距离合理设置，且应保证最不利点至少在1具灭火器的保护范围内。

A类火灾场所严重危险级手提式灭火器平面布置如图7-12所示。

表7-11　A类火灾场所的灭火器最大保护距离　（单位：m）

危险等级＼灭火器类型	手提式灭火器	推车式灭火器
严重危险级	15	30
中危险级	20	40
轻危险级	25	50

表7-12　B、C类火灾场所的灭火器最大保护距离　（单位：m）

危险等级＼灭火器类型	手提式灭火器	推车式灭火器
严重危险级	9	18
中危险级	12	24
轻危险级	15	30

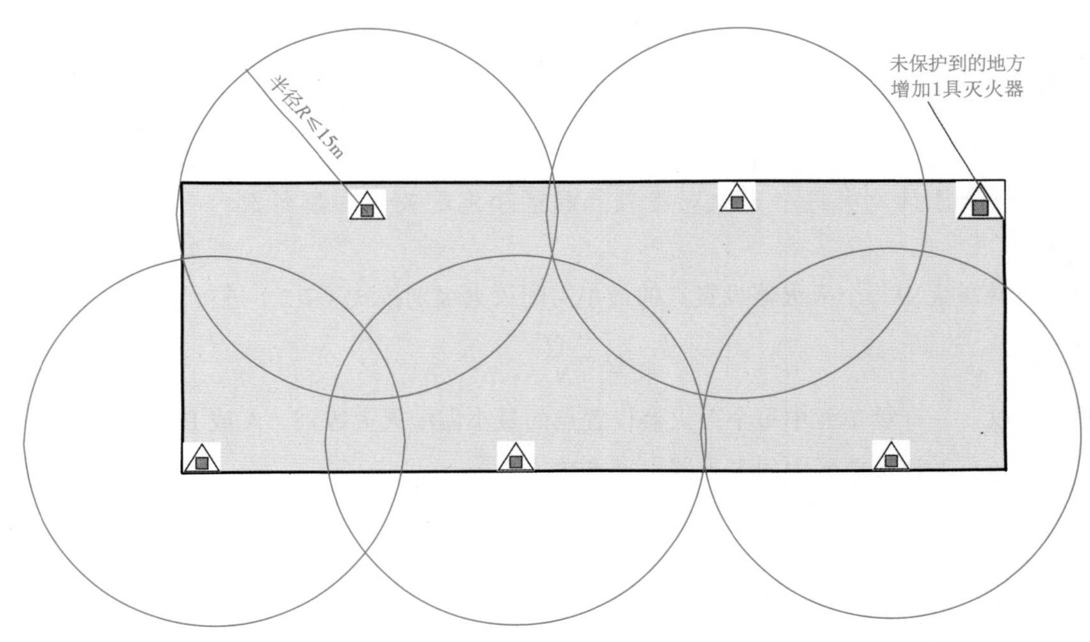

图 7-12　A 类火灾场所严重危险级手提式灭火器平面布置示意图

优路教育消防 AR 软件下载、注册及使用指南

一、简介

“优路消防 AR”是由优路教育技术团队研发，结合《全图解：消防工程常用设施三维图解（交互版）》配合使用的学习工具类软件；“优路消防 AR”内含丰富的消防设施，人性化的交互界面。

二、APP 下载方法

（1）下载二维码（安卓 / IOS 通用）。

（2）苹果应用商店下载方法。

打开应用商店，搜“优路消防 AR”下载。

三、注册账号

（1）在手机桌面找到优路消防 AR 软件，点击进入软件。

（2）点击注册按钮，进入注册页面。

（3）填写账号（手机号），获取验证码（填写验证码），设置密码（8~20 位数字及字母组合），填写完毕后点击，立即注册。

四、使用方法

1. 找到插图

凡本书中有“可扫描”字样的插图，扫描后即可展示对应的设施部件。

2. 打开 APP

打开 APP，输入账号及密码，点击立即登录（红色划线处提示）。

登录后点击立即体验。

扫描书籍中的插图即可使用。

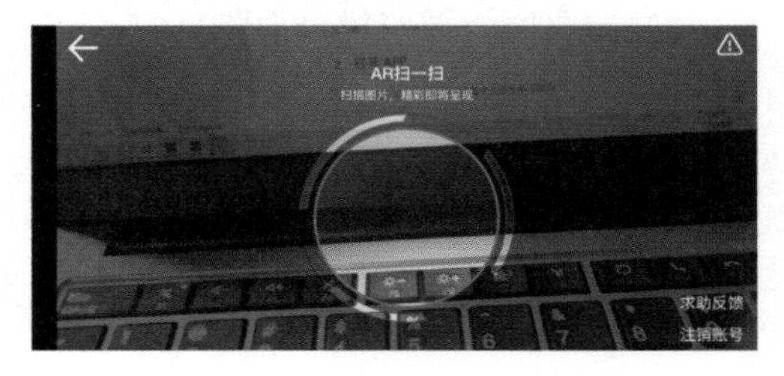

3. 缩放模型

双指缩放即可控制模型大小。

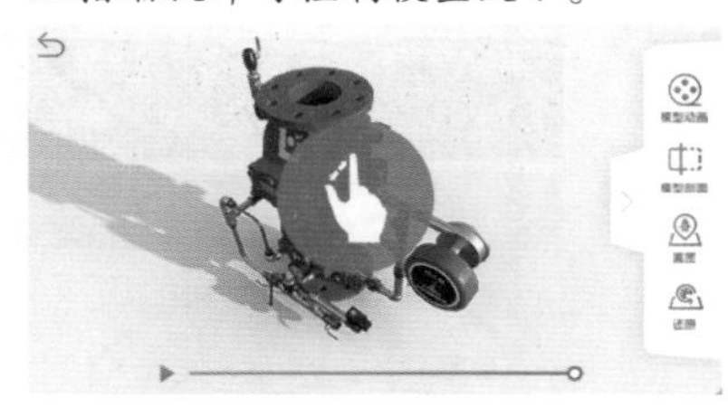

4. 旋转模型

单指左右滑动可对模型进行旋转操作。

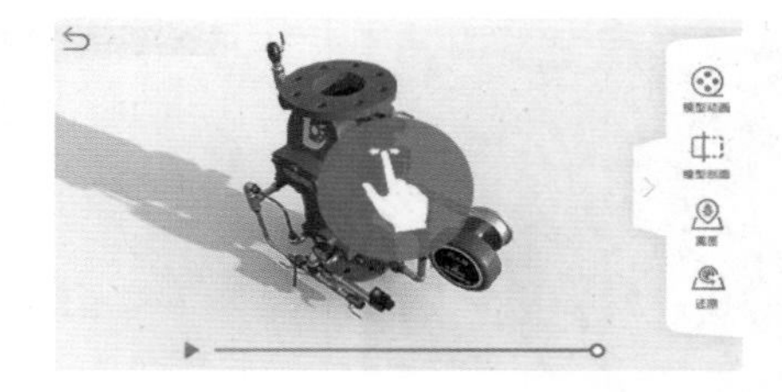

5. 右侧功能按钮

模型动画：消防设施的工作流程三维动画展示。

模型剖面：让用户查看消防设施的内部结构。

离图：点击后，不用扫描即可保持模型展示在手机屏幕中。

还原：点击后，模型即可还原至初始状态。

返回按钮：点击后，即可扫描下一张插图。

五、使用注意事项

（1）在强光环境下扫描书籍，反光会影响摄像头识别图片，可能会出现识别不出来插图的情况，改变环境即可解决该问题。

（2）并不是所有插图都有三维模型，扫描前，请确定插图有对应的文字提示“可扫描”。